Tricksen, Tränen, Tod

Adrian Heuss · Siegfried Süßbier

Tricksen, Tränen, Tod

20 illustrierte Wissenschafts-skandale

Springer Spektrum

AUTOREN

Adrian Heuss Basel
Siegfried Süßbier Berlin

ISBN 978-3-662-45267-7
DOI 10.1007/978-3-662-45268-4
ISBN 978-3-662-45268-4 (eBook)

Die Deutsche Nationalbibliothek verzeichnet diese Publikation in der Deutschen Nationalbibliografie; detaillierte bibliografische Daten sind im Internet über http://dnb.d-nb.de abrufbar.

Springer Spektrum

Planung und Lektorat: Dr. Andreas Rüdinger, Bianca Alton
Redaktion: Regine Zimmerschied
Zeichnungen: Siegfried Süßbier
Layout/Satz und Farbe: Darja Süßbier, Berlin
Einbandabbildung: Siegfried Süßbier, Berlin
Einbandentwurf: deblik, Berlin

Dank an den Schweizer Klub der Wissenschaftsjournalisten
für die finanzielle Unterstützung.

Gedruckt auf säurefreiem und chlorfrei gebleichtem Papier

Springer Spektrum ist eine Marke von Springer DE.
Springer DE ist Teil der Fachverlagsgruppe Springer Science+Business Media.

www.springer-spektrum.de

INHALT

INHALT

WER HAT ALS ERSTER DEN NORDPOL ERREICHT?

SEIT ÜBER 100 JAHREN WIRD UM DIE ANTWORT GESTRITTEN. IN DEN GESCHICHTSBÜCHERN STEHT MEIST: DER AMERIKANER ROBERT E. PEARY WAR'S. ABER VIELE EXPERTEN SIND HEUTE ÜBERZEUGT, DASS ES PEARY ZWAR BIS IN DIE NÄHE DES NORDPOLS GESCHAFFT HAT, ABER NICHT AN DEN POL. IST DER AMERIKANISCHE EROBERER UND VOLKSHELD EIN HOCHSTAPLER?

#1 Wissenschaftsskandal

SCHLAMMSCHLACHT UM EINEN WEISSEN FLECK

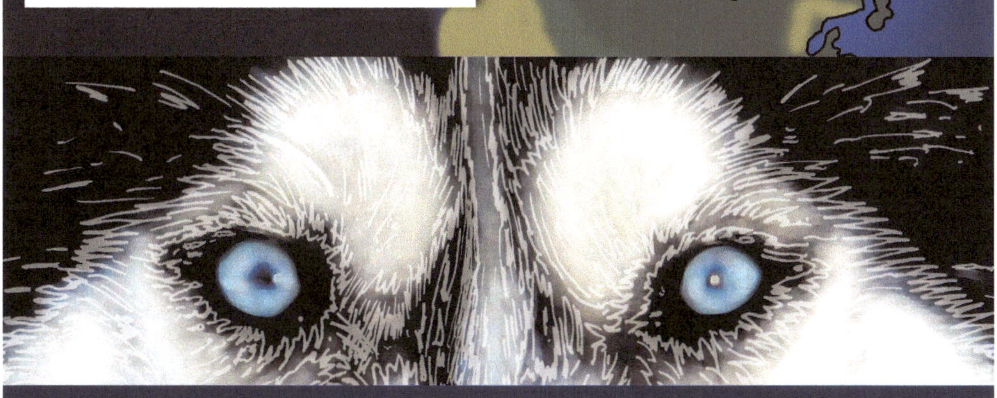

Oyster Bay, New York

JULI 1908

»Nun, Peary, auf Wiedersehen, und möge das Glück mit Ihnen sein.«

AN BORD DER USS »T. ROOSEVELT«

Der amerikanische Präsident Theodore Roosevelt hat es sich nicht nehmen lassen, sich persönlich von Polarforscher Robert E. Peary und seiner Crew zu verabschieden.

Einen Tag vor dem Start des großen Polarabenteuers inspiziert der Präsident das nach ihm benannte Expeditionsschiff über eine Stunde, schüttelt die Hände aller Crewmitglieder und freut sich über die blitzblank geputzten Planken.

Mit dem nächsten Sonnenaufgang beginnt für Commander Peary das Abenteuer. An Bord des Schiffes sind 23 Mann Besatzung. Ziel ist ein Ort, an dem noch kein Mensch zuvor war. Die Männer reisen aber nicht nur mit den guten Wünschen des Präsidenten, sondern auch mit einer schweren Last. Die ganze amerikanische Nation schaut auf den kleinen Trupp und erwartet, dass sie die Flagge am Nordpol hissen werden. God bless America.

Weder Peary noch seine Crew ahnen jedoch zu diesem Zeitpunkt, dass sie nicht die Einzigen sind mit dem Ziel Nordpol.

Abenteurer und Offizier Robert E. Peary

Ein anderer Polarforscher ist bereits vor Monaten aufgebrochen.

Peary ist ein bekannter und erfahrener Abenteurer und Offizier der amerikanischen Marine. Bereits sieben Versuche hat er unternommen, um den Nordpol zu erobern, sieben Mal zwang ihn die Eishölle zur Umkehr.

Seit über 20 Jahren verfolgt er sein Ziel, acht Zehen hat ihm die Kälte bereits abverlangt.

Aber diesmal muss es einfach klappen.

800 KILOMETER ÜBER SCHNEE UND EIS ...

Die »Roosevelt« fährt von New York nach Norden, Richtung Grönland. Von dort sind es noch 800 Kilometer bis zum Pol. 800 Kilometer über Schnee und Eis, über Ungetüme von Eisbergen, über Eisspalten und darunter das eiskalte Meer.

Die Mannschaft, die im März 1909 an der Küste Grönlands zum Nordpol aufbricht, besteht aus sechs Inuit, 17 Amerikanern, 133 Huskys, Hundeschlitten und Proviant. In den ersten Tagen kommen sie nur mühsam voran, pro Tag manchmal nur einen Kilometer.

Erst nach dem zehnten Tag wird die Landschaft flacher und die Stimmung der Mannschaft hellt sich auf.

Peary weiß, wie man in der Kälte überlebt, er hat es bei früheren Expeditionen den Inuit abgeschaut. Auf dem gesamten Weg zum Pol wendet Peary eine intelligente Taktik an, die er selbst entwickelt hat: Er schickt in regelmäßigen Abständen Männer zurück. Dadurch spart er Transportgewicht.

Am 1. April 1909 ist Peary nur noch wenige Tage vom Pol entfernt.

An diesem Tag trifft er allerdings eine Entscheidung, welche die Historiker bis heute spaltet. Peary befiehlt Robert Bartlett umzukehren. Bartlett ist der erfahrenste Navigator und Kartenleser im Team, der den Auftrag hat, den Weg zum Pol kartografisch festzuhalten.

Er könnte am besten bestimmen, ob die Mannschaft den Pol erreicht hat oder nicht.

Stattdessen dürfen Pearys langjähriger schwarzer Diener Matt Henson sowie die vier Inuit Ootah, Egigingwah, Seegloo und Ooqueah mitkommen.

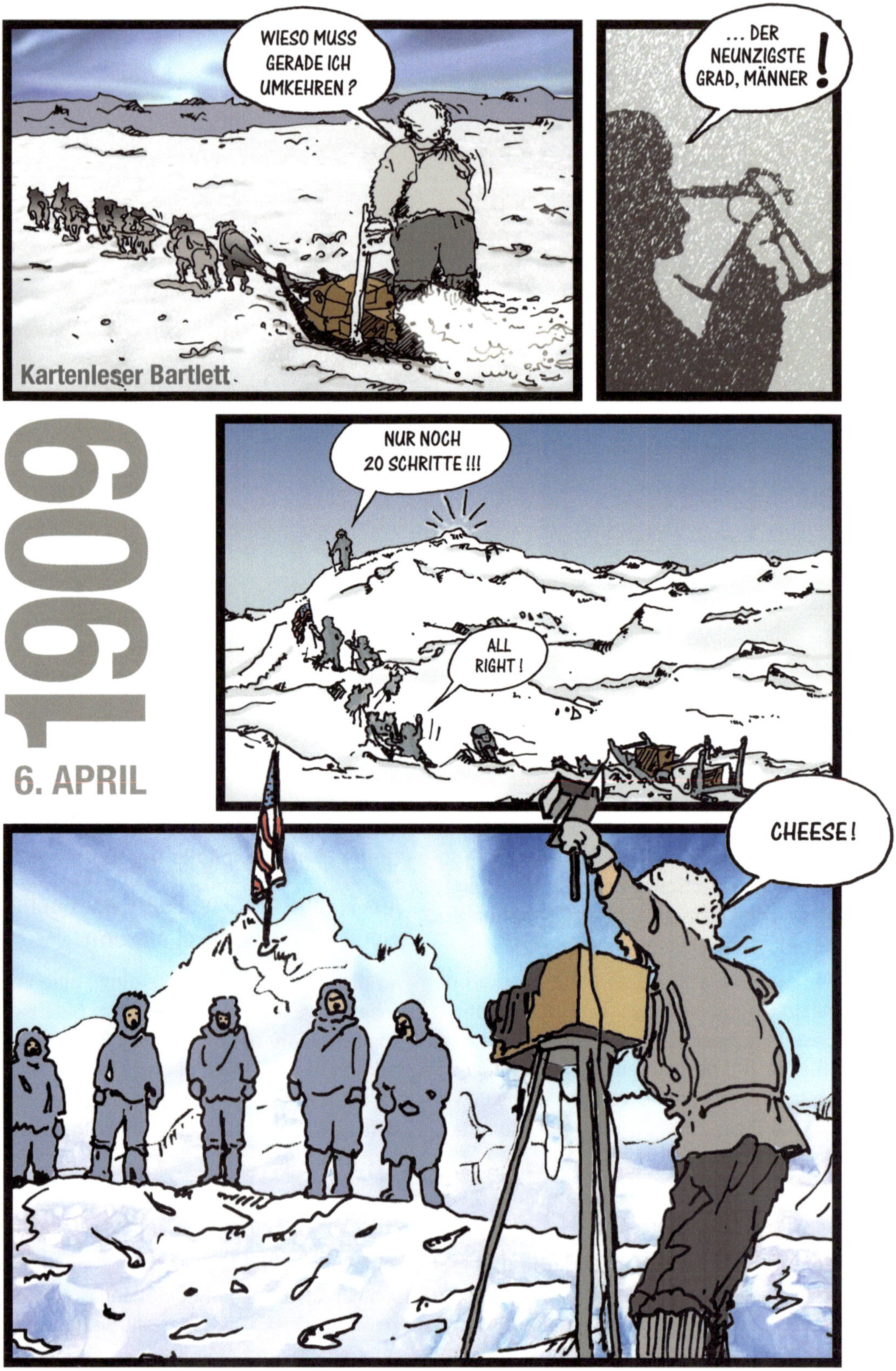

Kartenleser Bartlett

1909

6. APRIL

NUR NOCH 20 SCHRITTE !!!

ALL RIGHT !

CHEESE !

Warum muss der Kartenleser Bartlett umkehren?

Ist er ein möglicher Anwärter auf den Triumph? Ist der Diener der bessere Hundeschlittenführer? Jedenfalls gelten ab sofort nur noch Pearys Angaben, und es gibt keinen erfahrenen zweiten Mann, der diese bezeugen könnte.

Am 6. April 1909 erreicht Peary sein Lebensziel.

Er hisst das Sternenbanner, macht Aufnahmen, die Männer gratulieren ihm zu seiner Parforceleistung. In sein Tagebuch aber, in dem er bis zu diesem Tag die Ereignisse festgehalten hatte, schreibt er an diesem Tag ... nichts. Die Seite bleibt leer. Erst im Nachhinein reißt er an anderer Stelle eine Seite heraus, fügt sie ein und schreibt die berühmten Worte:

*»Endlich, der Pol.
Der Preis für drei Jahrzehnte,
mein Traum und meine Herausforderung
für 23 Jahre.
Endlich mein.«*

Die Männer kehren zurück, durch die Eislandschaft, zurück nach Grönland.

Ziel ist die Ortschaft Etah, Ausgangsort für Nordpol-Expeditionen am Ende des Foulke-Fjordes. In Etah trifft Peary auf Harry Withney, einen Millionär, der auf Etah festsitzt, weil sein Schiff nicht kommt. Withney erzählt Peary von einer seltsamen Begegnung, die einige Wochen zurückliegt. Er habe im ewigen Eis Frederick Cook und zwei Inuit getroffen. Die drei hatten offenbar etwas beinahe Unmenschliches geschafft und im Eis überwintert.

Peary ist geschockt.

Nach 18 Monaten ist dies das erste Lebenszeichen von Cook, der bereits als verschollen galt. Peary kennt Cook gut, denn Cook war auf früheren Reisen Pearys Schiffsarzt gewesen. Dann hatten sie sich allerdings zerstritten und Cook hatte den Plan gefasst, den Nordpol selbst zu erreichen. Wenn Cook es fertig gebracht hat, in der Polregion zu überwintern, hat er es dann sogar bis zum Pol geschafft? Peary muss plötzlich um seinen Triumph fürchten. Peary erlaubt Withney die Rückfahrt auf seinem Schiff, aber er stellt Bedingungen: Cook hat Whitney verschiedene Messinstrumente und anderes Material, zum Beispiel seine Flaggen, übergeben. All dieses Material will Peary nicht auf seinem Schiff haben. Withney soll es in Etah lassen. Er habe den Eskimos gesagt, sie sollen darauf aufpassen, erklärt Peary später gegenüber den Medien.

Dann fahren sie nach New York.

KAMPF MIT EINEM POLARBÄREN …

Auf der anderen Seite des Atlantiks erreicht Frederik Cook am 4. September 1909 den Hafen von Kopenhagen, wo er als Poleroberer empfangen wird. Tausende auf dem Pier wollen den großen Abenteurer sehen und ihm die Hand schütteln.

Braungebrannt steht er da, aber wenn er lächelt, erkennt man, dass ihm zwei Zähne fehlen. »Ein Kampf mit einem Polarbären«, erklärt er einem anwesenden Reporter.

Und weiter: »Als ich am Nordpol saß, lächelte ich, weil ich an all die Leute dachte, die meine Expedition einen Humbug nennen würden. Mir war klar, dass die Leute sagen würden, dass ich meine zwei Zeugen gekauft habe und dass ich mein Notizbuch mit meinen täglichen Beobachtungen gefälscht habe.« Die Skeptiker sollen selbst zum Nordpol gehen. Dort würden sie ein kleines Messingrohr finden, das seine Reiseaufzeichnungen enthält. Das würde beweisen, dass er dort war.

Die Universität Kopenhagen verleiht ihm derweil einen Ehrendoktor. Als Cook wenig später für eine Vortragsserie in die USA reist, wird er auch dort gefeiert. Alle wollen seine Abenteuergeschichte vom Nordpol hören. Noch profitiert er vom Status des Underdogs, der den großen Peary in einem fairen Wettlauf besiegt hat.

Peary aber will den Sieg für sich.

Er ist es gewohnt, zu befehlen, er erwartet äußerste Disziplin von seinem Umfeld, aber auch von sich selbst. Er hat viele bewundernswerte Charakterstärken – Teilen gehört nicht dazu.

DIE SCHLAMMSCHLACHT BEGINNT …

Peary mobilisiert einflussreiche Männer, die ihn in der Vergangenheit bei seinen Expeditionen unterstützt haben, zum Beispiel den Zeitungsverleger General Thomas Hubbard.

Zu Hubbards Imperium gehört unter anderem die *New York Times*. In der Folge erscheinen mehrere Artikel in der Zeitung, die Zweifel an Cooks Geschichte säen.

Die Zeitung druckt zum Beispiel eine Karte, die belegen soll, dass Cook nie auch nur in der Nähe des Pols war. Die Karte beruht auf den Angaben der zwei Inuit, die Cook auf seiner Expedition begleitet hatten.

Part Five Magazine Section

The New York Times.

SUNDAY, MAY 9, 1909.

Part Five Magazine Section

Als Nächstes behauptet Peary, Cook sei kein Mann von Ehre. Cook habe ihm seine gut ausgebildeten Eskimos weggeschnappt, ebenso wie verschiedene Vorratslager geplündert, die Peary an verschiedenen Stellen in Grönland angelegt habe.

Noch sind die Medien skeptisch und wollen Cook nicht einfach als Lügner hinstellen.

Denn auch Peary kann keine Beweise für seine Eroberung vorlegen.

Auf die Frage eines Journalisten, warum Peary das Material Cooks auf Etah einfach zurückgelassen und nicht auf sein Schiff mitgenommen hat, antwortet dieser:

LÜGNER

»Weil ich diesen Dingen keine große Aufmerksamkeit schenkte. Ist es nicht seltsam, dass Cook etwas derart Wichtiges in die Hände eines anderen Mannes übergab?«

Aber mit der Geschichte um den Mount McKinley kippt die Waage endgültig auf Pearys Seite.

Im Jahre 1906 hat Cook den Mount McKinley bestiegen, den höchsten Berg Amerikas – so jedenfalls steht es in den Annalen der Bergsteigerei. Aber stimmt das wirklich? Plötzlich tauchen in der *New York Times* Geschichten auf, die genau das bezweifeln. Der Bergführer Ed Barille, mit dem er damals auf dem Gipfel war, sagt nun, dass sie diesen nicht erreicht hätten.

Tatsächlich stellt sich später heraus, dass das angebliche »Gipfel-Foto« von Cook kilometerweit vom Gipfel des Mount McKinley geschossen wurde.

Heute heißt dieser Punkt »Fake Peak«. Damit ist Cook erledigt.

PEARY ERKAUFT SICH DEN TRIUMPH …

Peary kann sich nun als alleiniger Polerober feiern lassen. Erst sehr viel später taucht ein Dokument auf, das die damaligen Geschehnisse rund um die Besteigung des Mount McKinley in ein anderes Licht taucht: ein Scheck über 5000 Dollar.

Den Scheck hatte ein Anwalt Pearys Ed Barille überbracht. Belegt dieser Scheck, dass Peary Geld bezahlt hat, um der Wahrheit auf die Sprünge zu helfen?

Heute ist ziemlich klar, dass Cook nie am Nordpol war. Seine Originalaufzeichnungen, die während der Zeit im Eis entstanden, zeigen zu viele Unklarheiten gegenüber den späteren Angaben, die er in seinen Vorträgen der Öffentlichkeit präsentierte.

So erwähnt er in seinen Originalaufnahmen eine Insel auf 85 Grad Nord, wo es weit und breit keine Insel gibt.

Und Cook konnte keinerlei Beweise vorlegen, dass er tatsächlich am Pol war.

Hat es Peary geschafft?

Um die Antwort wird bis heute gestritten. Es gibt einige Ungereimtheiten – wie der Eintrag in seinem Tagebuch am Tag der Polereroberung und die Tatsache, dass er seinen besten Navigator wenige Tage vor dem Ziel nach Hause schickte und sich danach die täglich zurückgelegten Kilometer plötzlich verdoppelten.

Und dann ist da noch Pearys Foto am Nordpol. Als Peary den Nordpol erreicht, schießt er ein Foto, das später im Magazin *National Geographic* dazu dient, zu beweisen, dass er tatsächlich am Pol war. Um dies zu belegen, müsste die Sonne auf dem Foto exakt im Winkel von 6,8 Grad einfallen.

Das Problem ist: Auf Pearys Aufnahme ist die Sonne nicht zu sehen. Peary war ein guter Mathematiker und wusste, dass man mithilfe des Sonnenstands bzw. des Schattenwurfs eindeutig hätte klären können, dass er am Pol war.

Warum ist auf seinem Foto weder die Sonne noch die Länge des Schattenwurfs eindeutig zu sehen?

Pearys Fotos könnten laut heutigen Berechnungen am Nordpol aufgenommen worden sein, aber auch kilometerweit davon entfernt. Die National Geographic Society, der Pearys Fotos gehören, hat diese Beweisstücke nie für eine unabhängige Analyse freigegeben.

Viele Historiker sind sich heute einig:

Peary war sicher näher am Pol als Cook, aber auch er hat den Pol nicht erreicht.

Neue Zürcher Zeitung

Die *Neue Zürcher Zeitung* schrieb am 11. September 1909:

»So ist die Welt Zeuge eines unerquicklichen Schauspiels, das sein Ende nur finden wird, wenn die beiden Nebenbuhler vor Männern der Wissenschaft ihre Behauptungen werden nachgewiesen haben.

Es gibt drei Lösungen in der Streitfrage:

entweder haben beide Männer den Nordpol gefunden (...), oder es ist nur einer von ihnen ans Ziel gekommen, oder schließlich, es haben sich beide geirrt und weder der eine noch der andere hat den neunzigsten Grad erreicht.

Wir nehmen in diesem Fall unbedingt an, dass sie sich nur geirrt, nicht, dass sie die Welt hätten täuschen wollen.

Wir müssen eben abwarten.«

Heute geht es um Öl- und Gasvorkommen.

DIE CLEVERSTE FRAU DER WELT

FÄLSCHLICH · EINFÄLTIG · GENIAL · SKANDALÖS · UNRÜHMLICH STARRSINNIG · TRAGISCH · UNVERSTÄNDLICH · UNGLAUBLICH · STARRKÖPFIG · TÖDLICH · CHAOTISCH · ROMANTISCH · MISSVERSTÄNDLICH · DÜMMLICH · HALSBRECHERISCH · VERWIRREND · KOMISCH · ZUKUNFTSORIENTIERT · TRAUMATISCH · DÄMLICH · SARKASTISCH · VERWERFLICH · UTOPISCH · ABARTIG · NAIV · BELEIDIGEND · WOHLWOLLEND · KINDLICH · ALTERTÜMLICH · HERZLICH · SARKASTISCH · ABARTIG · BÖSE · KAUZIG · DRAMATISCH · WITZIG GEFÄHRLICH GLAMOURÖS FUTURISTISCH MÖRDERISCH SINNLICH …

#2 Wissenschaftsskandal

MARIE CURIEs LIAISON DANGEREUSE

… EINE EXPLOSIVE GESCHICHTE !

ALFR. NOBEL PHYSIK MDCD III

ALFR. NOBEL CHEMIE MDCD XI

MARIE UND PAUL …

Paul Langevin hatte vier Kinder, eine kratzbürstige Ehefrau und eine Affäre mit Marie Curie. Aus dieser Konstellation entwickelte sich ein Skandal, der zu insgesamt fünf Duellen führte und Curie um ein Haar den zweiten Nobelpreis gekostet hätte.

1911

Paris, 1911. Marie und Paul hatten sich bis über beide Ohren ineinander verliebt. Die beiden hatten sich an der renommierten Pariser Universität Sorbonne kennengelernt, wo sie beide forschten.

Marie Curie

Sie, zu diesem Zeitpunkt 44 Jahre alt, Nobelpreisträgerin, seit fünf Jahren verwitwet, emanzipiert, mit dem Übernamen »cleverste Frau der Welt«.

Paul Langevin

Er, Physikprofessor, 39 Jahre alt, verheiratet, ebenfalls ein herausragender Wissenschaftler.

Langevin hatte nach Pierre Curies (dem verstorbenen Ehemann von Marie Curie) frühem Tod dessen Labor übernommen. Marie und Paul trafen sich beinahe täglich in einer eigens dafür gemieteten Wohnung, ihrem Refugium.

Pauls eifersüchtige Ehefrau Jeanne bekam jedoch Wind von der Affäre.

Sie ließ in die Wohnung einbrechen und Liebesbriefe stehlen, die Marie und Paul dort hatten liegen lassen. Als Paul vom Diebstahl erfuhr, verließ er mit seinen beiden ältesten Söhnen das Haus und beschloss, mit ihnen einen Monat zu verreisen. Er brauchte Abstand und Zeit zum Nachdenken.

Sollte er seine Frau verlassen? Was würde mit seinen Kindern passieren? Was würden sie von ihm denken?

Nach Pauls Rückkehr hatte sich die Situation keineswegs beruhigt, wie er gehofft hatte. Im Gegenteil: Jeanne war nicht untätig gewesen. Sie und ihr Schwager hatten einen teuflischen Plan ausgeheckt, mit dem sie Paul nun konfrontierten: Entweder Paul beende die Affäre oder die Geschichte komme in die Zeitung.

Die gestohlenen Liebesbriefe benutzten die beiden als Druckmittel. Eine Zeit lang konnte Paul die befürchteten fetten Schlagzeilen in der Zeitung verhindern, vermutlich

DER DIEB STAHL AUF BESTELLUNG …

indem er seiner Frau und ihrem Komplizen Schweigegeld zahlte. Offenbar war das Jeanne nach einigen Monaten aber nicht mehr genug. Sie und ihre Mutter sinnten auf persönliche Rache und steckten die ganze Geschichte nun doch einem Journalisten.

Am 4. November titelte eine Pariser Zeitung:

Le Petit Journal

5 CENT. SUPPLÉMENT ILLUSTRÉ 5 CENT.

Paris, Samstag der 4. November 1911

Eine Liebesgeschichte: Madame Curie und Professor Langevin! Nun spricht Jeannes Mutter:

Im Artikel erklärte Jeannes Mutter, dass ihre Tochter zum Richter gegangen sei, weil Langevin die Kinder entführt habe – was eine Lüge war, denn die Kinder waren zu diesem Zeitpunkt längst von ihrer Reise zurück und wieder bei der Mutter.

Aber um die Wahrheit kümmerte sich weder Langevins Schwiegermutter noch die rechtsgerichteten Medien, die in der Folge weitere Artikel druckten und die Rollen von Anfang an klar verteilten. Auf der guten Seite stand Jeanne, eine anständige, französische Mutter, die wie eine Löwin um ihre Kinder kämpfte.

Bösewicht war der verlogene Ehemann, der mit einer Ausländerin, übrigens einer Polin mit jüdischen Wurzeln, angebändelt hatte.

SCHLÜSSELLOCH-BERICHTERSTATTUNG …

Die französische Öffentlichkeit war hin- und hergerissen zwischen Sympathie und Abscheu gegenüber Curie, zwischen Interesse an der Schlüsselloch-Berichterstattung und Wahrung der Privatsphäre. Mitten in den Skandal hinein platzte die Meldung von der zweiten Nobelpreisverleihung für Marie Curie, diesmal für die Entdeckung der radioaktiven Elemente.

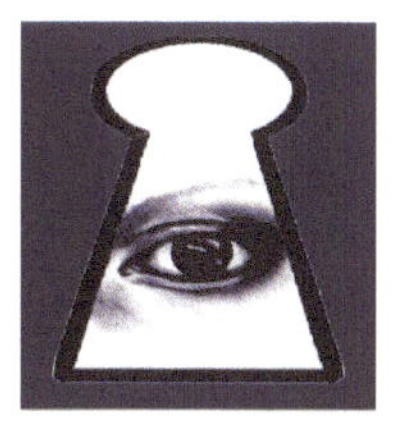

Das Nobelkomitee begründete den Entscheid, den Preis zum zweiten Mal an dieselbe Person zu verleihen, mit der Aussage, der Preis werde für Leistungen vergeben und nicht an Personen. Eine Begründung, die bald eine ganz andere Note bekommen würde.

Die französischen Medien, die bei der Vergabe des Chemie-Nobelpreises im Jahre 1903 noch seitenweise über die strahlende Gewinnerin berichtet hatten, erwähnten die Verleihung des Physik-Nobelpreises diesmal nur am Rande.

Sie passte nicht mehr ins Bild. Selbst gemäßigte Medien informierten verspätet und zurückhaltend über die Preisvergabe. Lieber widmeten sich die Medien weiter der Berichterstattung über die Affäre. Weitere Artikel folgten, der Skandal nahm kein Ende, obwohl die Verantwortlichen der Universität Sorbonne und auch Regierungsvertreter versuchten, dem Spuk ein Ende zu bereiten.

Paul wurde von seiner Frau weiter unter Druck gesetzt. Er solle auf das Sorgerecht für seine Kinder verzichten und Unterhalt zahlen, dann würde es zu keinem peinlichen Gerichtsprozess kommen.

Als Paul auf dieses Angebot nicht einging, verklagte ihn seine Ehefrau tatsächlich – wegen »Verkehrs mit einer Konkubine in der ehelichen Wohnung« – und reichte die Scheidung ein.

Nun stand bevor, wovor insbesondere Paul sich gefürchtet hatte.

Für den 9. Dezember wurde eine Gerichtsverhandlung anberaumt, in der mit großer Wahrscheinlichkeit die Liebesbriefe als Beweismittel ausgeschlachtet würden.

PRESSESCHAU IM PARISER CAFÉ DE FLORE

23. NOVEMBER – ÖFFENTLICHTE LIEBESBRIEFE …

Die Affäre von Marie und Paul war zur weltumspannenden Story avanciert.

Eine Passage eines Liebesbriefes stieß bei den französischen Medien auf besonderes Interesse.

In einem der Briefe hatte Marie Paul geraten, sich nicht mehr mit seiner Frau sexuell einzulassen.

»Geh nicht in ihre Nähe, solange Du nicht musst«, schrieb sie. »Arbeite bis spät in die Nacht und lass sie warten. Tu das, mein Paul, ich bitte Dich.«

Aber es sollte noch schlimmer kommen.

Am 23. November erlaubte sich ein Journalist, ein gewisser Gustave Téry, was sich bisher niemand getraut hatte: Er veröffentlichte die Liebesbriefe zwischen Marie und Paul.

Andere Zeitungen druckten in der Folge die Briefe ebenfalls ab. Sogar auf der anderen Seite des Atlantiks interessierte die Affäre: Die *New York Times* druckte die Liebesbriefe – in einem fast ganzseitigen Artikel.

Darauf stürzten sich die rechtsgesinnten Medien. Diese Passage beweise, so schrieben sie, dass Curie ein reiner Vernunftmensch sei, der kühl berechnend eine französische Familie zerstören würde.

Curie würde mit dieser Haltung Frankreich um den bitter nötigen Nachwuchs bringen.

26. NOVEMBER – DAS VERMEINTLICHE DUELL …

Die Veröffentlichung der Liebesbriefe war zu viel für Paul.

Kurz nach Veröffentlichung der Briefe beschloss er, den Journalisten Gustave Téry zum Duell herauszufordern. Téry hatte nicht nur die Liebesbriefe als Erster veröffentlicht und damit den Damm gebrochen, sondern er hatte auch noch die Frechheit besessen, Langevin in einem Artikel als »Rüpel und Feigling« zu betiteln.

Damit hatte er Paul den Fehdehandschuh hingeworfen und dieser hob ihn auf – etwas unsicher allerdings, denn er war keineswegs erfahren in Duellen.

Duelle waren zu dieser Zeit durchaus üblich.

Journalisten und Schriftsteller duellierten sich oft, aber auch Staatsmänner, wenn ihnen die Argumente ausgingen.

DUELL IN EINEM PARISER PARK …

Das Duell fand am 26. November 1911 statt, um elf Uhr vormittags. Anwesend waren je zwei Sekundanten und ein Arzt.

Die Duelle hatten klare Regeln, zum Beispiel konnten die Kontrahenten zwischen Degen und Pistole auswählen. Téry und Langevin entschieden sich für die Schusswaffe.

Langevin kam mit Hut und Schal, Téry mit Hut und Mantelkragen. Die Pistolen wurden geladen und fünfzig Schritt Distanz abgemessen.

Auf das Kommando »Feuer!« hob Langevin den Arm halb hoch, Téry tat gar nichts. Darauf senkte Langevin seine Pistole wieder. Das Duell war vorbei, bevor es angefangen hatte. Fotografen machten noch einige Aufnahmen.

Téry erklärte anderntags in der Zeitung: Er sei nicht blutrünstig, er wolle die französische Wissenschaft nicht eines wertvollen Gehirns berauben.

DAS DUELL LANGEVIN VERSUS TÉRY WAR EINES VON INSGESAMT FÜNF DUELLEN ZUM SKANDAL.

10. DEZEMBER – NOBELPREIS FÜR LEISTUNG, NICHT FÜR PERSONEN …

DIE KUNDE ÜBER DAS TÉRY-LANGEVIN-DUELL GELANGTE BIS ZUM NOBELPREISKOMITEE NACH SCHWEDEN.

Svante Arrhenius, Sekretär des Nobelpreiskomitees, schrieb Curie daraufhin einen Brief, in dem er erklärte, durch das lächerliche Duell sei die Situation schwierig geworden.

»Alle Kollegen haben die Ansicht geäußert, dass es besser wäre, wenn Sie am 10. Dezember nicht hier erscheinen.«

Und weiter:
»Wenn die Akademie früher von der Affäre erfahren hätte, hätte sie den Preis nicht verliehen.«

Curie solle in einem Brief erklären, dass sie den Preis nicht annehme, bevor das Gerichtsverfahren bewiesen habe, dass die Anschuldigungen haltlos seien.

Curie war keinesfalls gewillt, darauf einzugehen.

Sie stellte sich auf den Standpunkt, dass zwischen der wissenschaftlichen Arbeit und ihrem Privatleben keine Verbindung bestehe. Sie entgegnete Arrhenius, dass der Preis für Leistungen und nicht für Personen vergeben werde – wie das Nobelpreiskomitee bei der Vergabe so treffend geschrieben hatte.

Sie werde daher der Zeremonie beiwohnen. Anfang Dezember einigten sich Paul und seine Frau außergerichtlich. Paul erklärte sich schuldig, das Sorgerecht für alle vier Kinder erhielt seine Frau. Damit ebbte der Skandal ab, die Gerichtsverhandlung wurde abgeblasen.

DAS NOBELPREISKOMITEE IN SCHWEDEN

Die Presse feierte ihren Sieg.

Die Zeitung *Action française* schrieb: »Wir dürfen stolz sein auf das Ergebnis. Nicht umsonst haben wir der jüdischen Scheinheiligkeit die Stirn geboten.«

Und: »Was unsere Widersacher betrifft, die Sorbonne mit ihren Bastarden und Juden, so hat die Niederlage (…) ihnen beigebracht, dass man nicht so leicht gewinnen kann, wenn man jenen immer noch festen Felsen angreift: die französische Sitte.«

Anfang Dezember nahm Curie in der Académie des Sciences den Nobelpreis entgegen – ohne Zwischenfälle.

Kein Wort wurde über den Skandal verloren, alle waren auf Etikette bedacht. Bei ihrer Rückkehr verschlechterte sich ihr Gesundheitszustand jedoch rasant. Die ganze Geschichte war ihr sehr nahegegangen. Zudem zeigten sich erste Symptome der Strahlenkrankheit. Curie hatte wie viele andere Wissenschaftler ihrer Zeit jahrelang schutzlos mit radioaktiven Substanzen geforscht, da die Schädlichkeit dieser Strahlen damals noch wenig bekannt war. Kurz nach Weihnachten wurde Curie ins Krankenhaus eingeliefert. Die nächsten beiden Jahre litt sie an einer Nierenerkrankung und konnte kaum mehr arbeiten. Aber selbst im Krankenhaus ließen ihre Gegner nicht locker: Jemand verbreitete das Gerücht, Curie sei im Krankenhaus, weil sie von Langevin schwanger sei.

Marie und Paul fanden nicht mehr zusammen. Curie verglich die Zerstörung der Beziehung mit dem Tod eines kleinen Kindes, das man gehegt und heranwachsen gesehen hat. Von allen fallengelassen, konnte sie sich erst wieder etwas aufrappeln, als sie im Ersten Weltkrieg an der Front eine mobile Röntgenstation betrieb. Aber ihr wissenschaftlicher Stern war erloschen.

Marie Curie (1867-1934) wurde in Warschau geboren, das damals zum Russischen Kaiserreich gehörte. Sie zog nach Paris, um an der Sorbonne Physik und Mathematik zu studieren.

Curie starb 1934 an den Folgen einer Blutarmut, vermutlich ausgelöst durch den jahrelangen Umgang mit radioaktivem Material. Nach ihr ist das chemische Element Curium benannt.

Marie Curie

CONAKRY – WESTAFRIKA – 1927

DIE MENSCHEN HABEN ÜBER DIE JAHRHUNDERTE ALLES MÖGLICHE GEKREUZT: ELCHE MIT OCHSEN, MÄUSE MIT MEERSCHWEINCHEN, PFERDE MIT ESELN. AM 28. FEBRUAR 1927 FAND AUF EINER SCHIMPANSENSTATION IN FRANZÖSISCH-GUINEA IN WESTAFRIKA JEDOCH EIN ABSCHEULICHES KREUZUNGSEXPERIMENT STATT.

#3 Wissenschaftsskandal

PER KREUZUNG ZUM URSPRUNG DER MENSCHHEIT

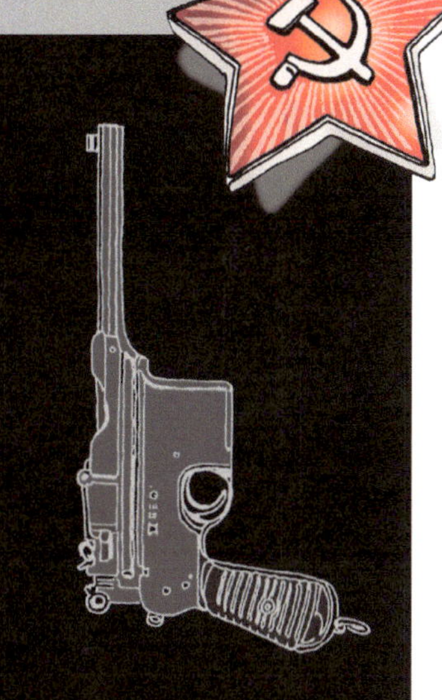

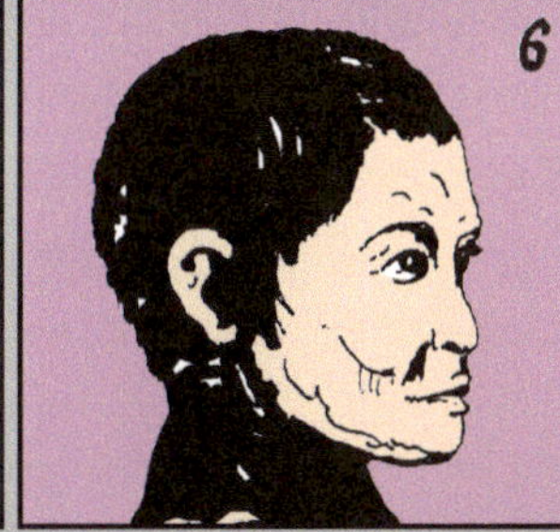

VOM AFFEN ZUM MENSCHEN ...

28. Februar 1927

Am Vormittag betraten zwei russische Forscher, der 57-jährige Ilja Iwanow und sein Sohn, der ebenfalls Ilja hieß, die Käfige der beiden Schimpansendamen Babette und Syvette.

Die Käfige standen im Botanischen Garten Camayenne, etwas außerhalb der Stadt Conakry.

Das Ziel der beiden Forscher bestand darin, die beiden Schimpansen künstlich mit menschlichem Sperma zu befruchten.

Daraus sollte ein Nachkomme entstehen, eine Kreuzung aus Affe und Mensch. Iwanow wollte mit diesem Experiment den Urmenschen rekonstruieren.

Es war ein Test, um zu überprüfen, ob Darwin recht hatte mit seiner Meinung, dass die Schimpansen die nächsten Verwandten des Menschen seien.

Auch Iwanow meinte, dass Affe und Mensch nah miteinander verwandt sind. Sein Experiment sollte eine Art evolutionäre Zeitreise werden – hin zu einem Geschöpf, aus dem Mensch und Affe einst entsprungen waren, hin zum Ursprung der Menschheit.

Iwanow und sein Sohn wurden bei diesem Experiment finanziell von den Bolschewiken unterstützt.

Die Bolschewiken waren überzeugt, dass das Experiment von »großer wissenschaftlicher Wichtigkeit« war, denn sie wollten damit beweisen, dass der Urmensch ohne Gottes Beistand entstanden war. Es hätte ihre Kritik an der christlichen Schöpfungslehre untermauert.

ILJA IWANOW

Die Bolschewiken setzten ganz auf die Karte Darwinismus, denn er stützte ihre antireligiöse Propaganda. Daher finanzierten sie Iwanows Forschung mit 15 000 Dollar, damals viel Geld.

Aber nicht nur die Bolschewiken unterstützten das Experiment.

Erstaunlicherweise erhielt Iwanow Unterstützung vom renommierten Institut Pasteur in Paris.

Auch die Franzosen waren von Iwanows Idee angetan und ließen ihn in ihrer Außenstelle in der französischen Kolonie Guinea seine Versuche durchführen.

REVOLVER IN DER TASCHE ...

Das Experiment wurde besonders brutal und hastig ausgeführt. Die beiden Schimpansen wurden in ihren Käfigen gefangen und festgezurrt.

Die Forscher wussten, warum sie so brutal vorgingen: Bei einer früheren Untersuchung hatte sich eine der Damen gewehrt und Iwanows Sohn so heftig gebissen, dass er ins Krankenhaus gebracht werden musste. Diesmal hatten die Forscher deshalb während des Experiments »eine Browning in der Tasche, nur für den Fall«, schrieb Vater Iwanow später in sein Tagebuch.

Es ist nicht bekannt, woher das Sperma stammte, das für diese Experimente verwendet wurde. Iwanow schrieb dazu in sein Laborjournal: »Sperma eines 30-jährigen Mannes frisch gesammelt. Er ist Junggeselle, aber nach seinen eigenen Angaben hat durch ihn schon eine Empfängnis stattgefunden.«

Vielleicht verwendete Iwanow für die Versuche das Sperma seines Sohnes, vielleicht aber auch das Sperma von Schwarzen, weil er vermutete, dass Schwarze mit Affen näher verwandt seien als Weiße und dadurch die Erfolgschancen für das Experiment steigen würden.

Insgesamt wurde das Kreuzungsexperiment dreimal durchgeführt – Schwangerschaften resultierten keine.

Das war ein herber Rückschlag für den Russen, aber kein Grund aufzugeben. Er stellte das Design seines Experiments einfach um: Nun wollte er Frauen mit Affensperma befruchten.

Die französische Kolonialbehörde gab zunächst grünes Licht für die Versuche – obwohl Iwanows ungeheuerlicher Plan zunächst darin bestand, die Frauen über den Eingriff gar nicht zu informieren. Später bekam der französische Gouverneur aber doch kalte Füße und untersagte die Versuche.

Iwanow war empört über diese Kehrtwende, »ein schrecklicher Rückschlag«, schrieb er in sein Tagebuch.

Aber es blieb ihm nichts anderes übrig, als die Experimente abzublasen.

DIENST AN DER WISSENSCHAFT ...

Iwanow wollte nun nicht länger in Afrika bleiben. Er verließ Guinea am 1. Juli

1927

mit insgesamt 15 Affen, darunter Babette, Syvette und Black.

Allerdings vertrugen nicht alle Affen die Reiserei. Black starb bei der Ankunft in Marseille, Syvette auf dem Weg nach Russland. Die restlichen Affen wurden nach Suchumi in Georgien transportiert, einem der wenigen Orte auf sowjetischem Gebiet mit subtropischem Klima. Hier baute Iwanow eine Forschungsstation auf – unter gütiger Mithilfe Stalins.

Iwanow hoffte nun, seine Experimente mit einer gefügigen Genossin durchführen zu können. Tatsächlich wurde er im Jahre 1929 fündig, eine Freiwillige namens G. aus Leningrad, die in einem Brief schrieb:

»Sehr geehrter Professor, (...) mein Privatleben ist ruiniert, ich sehe keinen Sinn in meiner weiteren Existenz. (...) Aber wenn ich daran denke, dass ich der Wissenschaft einen Dienst leisten könnte, fühle ich mich stark genug, Sie zu kontaktieren. Ich bitte Sie, weisen Sie mich nicht zurück. (...) Ich bitte Sie, mich für dieses Experiment zu akzeptieren.«

Offenbar war Iwanow gewillt, das Experiment mit G. durchzuführen. Das Affensperma sollte das einzige geschlechtsreife Tier der Station spenden, ein Männchen namens Tarzan. Allerdings musste das Experiment verschoben werden, weil Tarzan vorzeitig an einer Hirnblutung verstarb. Tarzan liebte Hühnereier und aß davon etwa 30 bis 40 Stück pro Tag. Zu viel für sein Herz. »Der Orang-Utan ist tot, wir schauen uns nach Ersatz um«, schrieb Iwanow an G. Er hoffte auf weitere Lieferungen von geschlechtsreifen Affen.

Das Experiment mit G. wurde aber nie durchgeführt, da Iwanow im Dezember

1930

vom russischen Geheimdienst verhaftet wurde.

Er wurde verurteilt, weil er angeblich eine gegenrevolutionäre Organisation gegründet hatte. Der wahre Grund für seine Verurteilung lag wohl eher in der schwindenden Unterstützung für seine Versuche.

Die nicht enden wollende Kulturrevolution in Russland hatte seine größten Förderer ihrer Posten in der Wissenschaftsakademie enthoben.

Sein Bonus als Koryphäe auf dem Gebiet der künstlichen Befruchtung war aufgebraucht.

Er wurde ins Exil verbannt, ins entlegene Kasachstan.

Zwei Jahre später wurde er rehabilitiert.

Einen Tag vor der Rückreise, am 20. März

1932

starb er aber an einem Schlaganfall.

Nach Iwanows Tod verschwanden seine Forschungsergebnisse für Jahrzehnte in den Tiefen der sowjetischen Archive.

Einzig seine Arbeiten zur künstlichen Befruchtung von Landwirtschaftstieren wurden weiterhin gelehrt und angewendet. Iwanow hatte große Erfolge bei der Befruchtung von Pferden erzielt. Er galt noch lange als Koryphäe auf diesem Gebiet.

Bevor er sich mit Affen beschäftigt hatte, hatte er viele andere Kreuzungen erfolgreich durchgeführt, zum Beispiel zwischen einem Pferd und einem Zebra:

ein Zebroid.

Dass Iwanows teuflischer Kreuzungsplan zwischen Mensch und Affe nicht vollständig in Vergessenheit geriet, verdanken wir dem Historiker Kiryl Rossijanow, der bei seiner Suche in Archiven auf die Arbeit stieß.

Heute ist klar, dass Iwanows Kreuzungsexperiment zwischen Mensch und Affe ohnehin zum Scheitern verurteilt war.

Das genetische Material dieser beiden Spezies ist zwar sehr ähnlich, die Genome, also die Gesamtheit aller Gene, unterscheiden sich jedoch in einem für Kreuzungsexperimente entscheidenden Punkt: in der Anzahl der Chromosomen.

AFFENMENSCH? MENSCHENAFFE?

Bemerkenswert aus heutiger Sicht ist, dass soweit bekannt, weder Iwanow noch die Mitglieder der russischen Wissenschaftsakademie je eine Diskussion über die ethischen Aspekte des Experiments führten.

Fragen wie

»Was wäre passiert, wenn das Experiment gelungen wäre?«

»Wäre das Wesen als ein Affe oder ein Mensch betrachtet worden?«

interessierten nicht weiter.

In Amerika hingegen wurde diese Diskussion geführt – etwas unfreiwillig allerdings. Iwanow hatte dort Geldgeber für seine Forschungen gesucht und einen gewissen Charles Smith gefunden.

Zum Leidwesen Iwanows war Smith jedoch ein Showman – er plauderte die Geschichte mit dem geplanten Kreuzungsexperiment gegenüber der *New York Times* aus.

SOVIET BACKS PLAN TO TEST EVOLUTION

Die US-Zeitung titelte kurz darauf: »Russe unterstützt Pläne, um Evolution zu testen« und die nachfolgende öffentliche Diskussion rief den Ku-Klux-Klan auf den Plan, der das Experiment als »abscheulich gegenüber dem Schöpfer« bezeichnete und mit Vergeltung drohte, sollte das Experiment durchgeführt werden.

Charles Smith zog sich daraufhin als Geldgeber zurück.

DIE GRAUSIGE METHODE DER HAARENTFERNUNG
BIS IN DIE 1940ER-JAHRE HINEIN LIESSEN SICH VIELE AMERIKANISCHE FRAUEN IN BEAUTY-SALONS MIT STARKEN RÖNTGENSTRAHLEN BEHANDELN, UM AUF EINFACHE WEISE IHRE HAARE ZU ENTFERNEN. OBWOHL SCHON DAMALS KLAR WAR, DASS SOLCHE STRAHLUNG ZU KREBS FÜHREN KANN, SPIELTEN DIE ANBIETER DIESER RÖNTGEN-HAAR-ENTFERNUNGSMETHODE DIE GEFAHREN FÜR DIE GESUNDHEIT HERUNTER. DAS GESCHÄFT WAR EINFACH ZU VERLOCKEND.
#4 Wissenschaftsskandal
TÖDLICHER SCHÖNHEITS-WAHN
OOOH... I LIKE IT!
Hair Removed Permanently
DAS NIMMT KEIN GUTES ENDE!
PIN-UP
Tricho

Erie, US-Bundesstaat Pennsylvania, im Jahre 1930: M. B., nennen wir sie Monica Butterworth, 35-jährig, eitel, lag in der Badewanne und rasierte sich das Gesicht.

1930

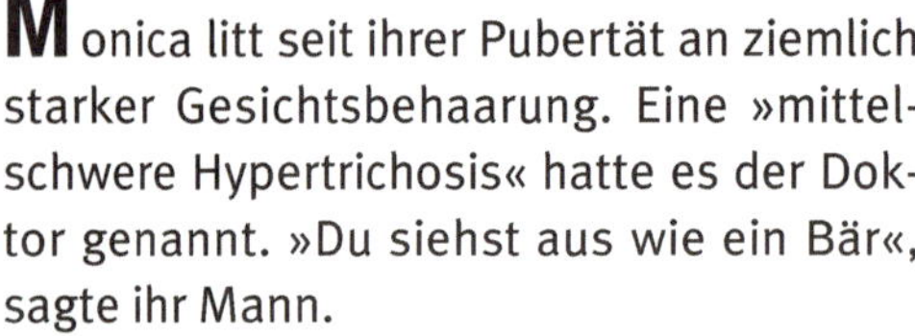

Monica litt seit ihrer Pubertät an ziemlich starker Gesichtsbehaarung. Eine »mittelschwere Hypertrichosis« hatte es der Doktor genannt. »Du siehst aus wie ein Bär«, sagte ihr Mann.

Monica war aber keineswegs betrübt bei ihrer Sisyphusrasierarbeit, im Gegenteil. Denn sie hoffte, dies könnte ihre letzte Gesichtsrasur sein.

Angelina, ihre beste Freundin, hatte ihr nämlich von Madame von Sternfeldt erzählt. Die deutsche Einwanderin war im pennsylvanischen Ort Erie stadtbekannt, sie führte einen Schönheitssalon an der 1106 State Street.

Seit Kurzem bot sie dort eine revolutionäre Technik der Haarentfernung an.

Angelina hatte drei Stunden lang geschwärmt, »absolut schmerzlos, mit dieser Methode haben sie sogar eine bärtige Lady in Kentucky geheilt«.

Sie hatte irgendetwas von Röntgenstrahlen erzählt und dass die Haare nach einigen Sitzungen dauerhaft ausfallen würden.

»Von wegen Schönheit muss leiden«, dachte sich Monica.

Am nächsten Morgen stieß sie die Tür zu Madame von Sternfeldts Salon auf und erkundigte sich nach der neuen Errungenschaft.

Nach kurzer Erklärung buchte sie ihre erste von mehreren Vier-Minuten-Behandlungen.

Sie ließ sich in den Sitz fallen, das Röntgengerät sprang an und der Duft von Ozon stieg ihr in die Nase.

Monica ahnte nicht, auf was sie sich da eingelassen hatte.

Als sie nach Hause kam, schälte sie sich aus ihrem Mantel und erzählte voller Begeisterung ihrer Schwester von der neuen Methode. Monica ging von nun an alle zwei Wochen in den Salon. Nach einigen Sitzungen begannen tatsächlich die Haare im Gesicht auszufallen.

IM BEAUTY-SALON DER MADAME VON STERNFELDT

EINE NEUE ART VON STRAHLEN ...

Wilhelm Röntgen hat im Jahre 1895 die Röntgenstrahlen entdeckt. Er veröffentlichte seine Entdeckung in einer Arbeit mit dem Titel »Über eine neue Art von Strahlen«. Um welche Strahlen es sich handelte, wusste er nicht genau, weshalb er sie einfach »X« nannte (im Englischen heißen Röntgenstrahlen daher »x-rays«).

Die Nachricht über die ominösen Strahlen verbreitete sich rasch um den Globus.

Jeder konnte die Apparate, die Röntgenstrahlen produzieren, frei nutzen, da Röntgen seine Entdeckung mit Absicht nicht hatte patentieren lassen. In der Folge richteten Forscher die Röntgenstrahlen auf alles, was auf Erden kreucht und fleucht.

1895

Manche Forscher untersuchten, welchen – möglicherweise heilenden – Effekt die Strahlen auf krankes Gewebe haben, zum Beispiel auf von Krebs befallenes Gewebe.

Andere wiederum untersuchten, welchen – möglicherweise schädigenden – Effekt die Strahlen auf gesundes Gewebe haben.

Bereits ein Jahr nach Röntgens Veröffentlichung stellte sich heraus, dass Röntgenstrahlen nicht nur ungeahnte Blicke ins Innenleben des menschlichen Körpers ermöglichen, sondern auch, dass die Strahlen Haare ausfallen lassen – an den Beinen, am Rücken, im Gesicht.

Zur vermeintlich guten Nachricht gesellte sich jedoch eine schlechte.

An Hautstellen, die zu intensiv bestrahlt wurden, zeigten sich oft Runzeln, Verbrennungen oder Gewebeschwund.

Keratosen konnten entstehen, Monate oder Jahre später fingen Geschwüre an zu wuchern, bis schließlich Krebs ausbrach.

Bereits im Jahre 1909 belegten Wissenschaftler diese fatalen Nebenwirkungen in einer wissenschaftlichen Publikation. In den Folgejahren kamen weitere Studien hinzu, welche die Gefahr aufzeigten und vor intensiver Röntgenbestrahlung warnten.

Mitte der 1820er-Jahre war den meisten Medizinern klar, dass zu viel Röntgen schadet und zu Krebs führen kann.

WILHELM RÖNTGEN

LEICHT VERDIENTES GELD …

Einige Quacksalber wollten davon jedoch partout nichts wissen und schlugen alle Warnungen in den Wind. Sie verkauften die Röntgenstrahlen weiterhin als probates Mittel, um Haare ausfallen zu lassen.

Das hatte vor allem einen Grund: leicht verdientes Geld.

Diese Art der Haarepilierung entwickelte sich rasch zu einem Riesengeschäft. Eines der führenden Unternehmen in diesem Bereich war die Tricho Sales Corporation. Deren Gründer, der Mediziner Albert C. Geyser, baute innerhalb weniger Jahre ein Netzwerk an Schönheitssalons auf, denen er seine Röntgengeräte auslieh.

Das Personal der Salons bekam einen Crash-Kurs in der Bedienung der Geräte und wurde dann auf die Klientinnen losgelassen.

Geyser nutzte die Tatsache aus, dass die Gesundheitsbehörden New Yorks ihm vorschnell eine Erlaubnis für seine Geräte erteilt hatten. Damit machte er ungeniert Werbung.

In Zeitungsinseraten wurde die neue, »schmerzlose Methode« zur Haarentfernung angepriesen – »amtlich bewilligt«.

Er behauptete, dass seine Geräte so verändert seien, dass sie keinen Schaden anrichten würden. Von Röntgenstrahlen war daher meist keine Rede, stattdessen von »Vibrationen« oder von einer »neuen elektrischen Erfindung«. Auf Kritik entgegnete er einmal mit der haarsträubenden These:

»Die Tatsache, dass diese Geräte in Schönheitssalons installiert werden, sowie die Tatsache, dass die Klientel dieser Salons bekanntlich eine sehr kritische ist, beweist doch, dass dieses System sehr zufriedenstellend ist – solange keine gegenteiligen Hinweise auftauchen.«

DIE SCHATTENSEITEN DES BOOMS …

Rasch breitete sich das Tricho-System aus, über mindestens 75 amerikanische Städte und bis nach Kanada.

Und ebenso rasch zeigten sich die Schattenseiten des Röntgenbooms.

In ganz Amerika wurden Hautärzte mit immer mehr Fällen von Patientinnen mit Hautgeschwüren und Hautkrebs konfrontiert.

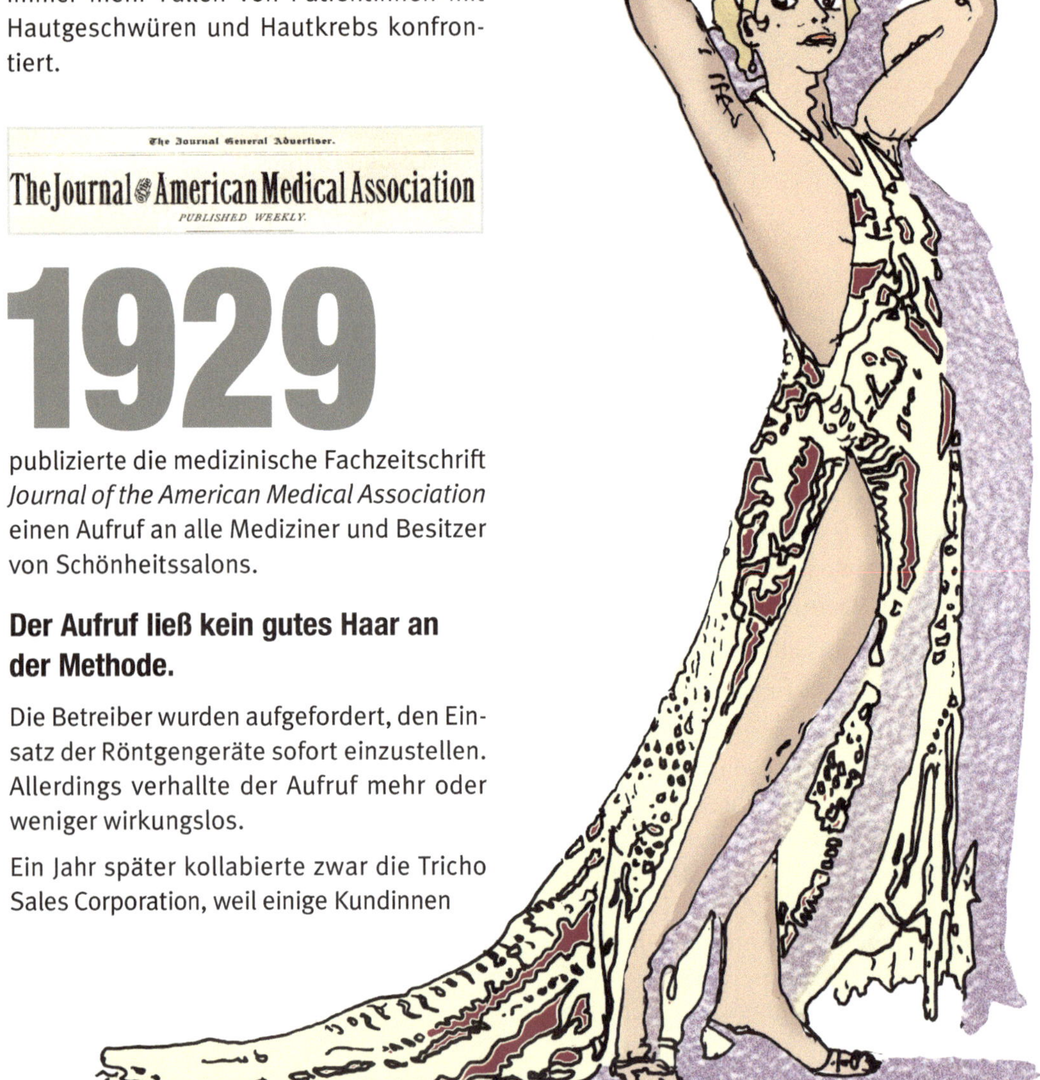

1929

publizierte die medizinische Fachzeitschrift *Journal of the American Medical Association* einen Aufruf an alle Mediziner und Besitzer von Schönheitssalons.

Der Aufruf ließ kein gutes Haar an der Methode.

Die Betreiber wurden aufgefordert, den Einsatz der Röntgengeräte sofort einzustellen. Allerdings verhallte der Aufruf mehr oder weniger wirkungslos.

Ein Jahr später kollabierte zwar die Tricho Sales Corporation, weil einige Kundinnen Klagen eingereicht hatten und die Firmentore angesichts des sich anbahnenden juristischen Debakels geschlossen wurden. Der Spuk ging aber weiter.

DIE BEKANNTE SCHAUSPIELERIN ANN PENNINGTON WARB FÜR DIE HAARENTFERNUNGSMASCHINE VON TRICHO.

EIN NEUES MONSTER, DAS UM DIE ECKE LUGT...

Nun kamen Trittbrettfahrer ins Spiel; neue Firmen mit neuen Geräten, neuen Slogans und altbekannten Nebenwirkungen. Auch in europäischen Städten wurde die Methode angepriesen.

1947

erschien ein weiterer Artikel im *Journal of the American Medical Association*. Der Artikel umfasste eine lange Liste von Patientinnen, darunter:

»Mrs E. B. (30 Jahre alt), Backen und Kinn zeigen Runzeln und Gewebeschwund. Derart deprimiert aufgrund ihrer Verunstaltung, dass sie versuchte, sich das Leben zu nehmen.«

Die beiden Autoren des Artikels bezeichneten das ganze System der Röntgenepilierung als »ein neues Monster, das um die Ecke lugt«.

Und: »Der Schaden, der Mädchen und Frauen in den 1920er-Jahren angetan wurde, wird nun in den 1930er- und 1940er-Jahren wiederholt. Man kann sogar voraussehen, dass bald auch Knaben und junge Männer davon betroffen sein werden, weil ein Patent auf einen Röntgen-Rasierer beantragt worden ist.«

Zum Glück setzte sich dieser Röntgen-Rasierer nie durch.

GRAUSIGES AUSMASS ZEIGT SICH ERST SPÄTER ...

Einige Jahre später war der Spuk endgültig vorbei. Das grausige Ausmaß offenbarte sich aber erst Jahrzehnte später.

Ein Team von Wissenschaftlern fand in den 1970er-Jahren in einer Studie heraus, dass mehr als 35 Prozent aller Krebsfälle bei Frauen, die aufgrund von Strahlung entstanden sind, mit Röntgenenthaarung zusammenhängen. Manche Experten schätzen, dass Hunderttausende den Duft des Ozons gerochen haben.

1976

schrieb Steven Lapidus, ein Hautarzt aus Erie, US-Bundesstaat Pennsylvania, einen Fachartikel in einem unbedeutenden Krebsjournal.

Er beschrieb darin fünf Fälle von Hautkrebs-Patientinnen aus seiner Praxis.

Unter anderem erwähnte er die Patientin M.B., nennen wir sie Monica Butterworth. Monica, die vor vielen Jahren das Studio von Madame von Sternfeldt besucht hatte, ist mittlerweile 81 Jahre alt.

Ihre gesamte linke Gesichtshälfte ist von einem Tumor von der Größe einer Grapefruit zerfressen.

Bei ihrer Schwester, der sie vor Jahren von den Vorzügen der Röntgenepilierung vorgeschwärmt hatte, hat der Krebs den kompletten Unterkiefer zerstört.

WARUM FALLEN NACH EINER INTENSIVEN RÖNTGENBEHANDLUNG DIE HAARE AUS?

Röntgenstrahlen haben verschiedene Wirkungen auf den menschlichen Körper, welche die Ärzte unter dem Begriff »Strahlenkrankheit« zusammenfassen. Insbesondere können Röntgenstrahlen die DNA in den Zellen angreifen und dort Mutationen hervorrufen. In der Folge kann die Zelle absterben oder sie wird zu einer Krebszelle.

Die Stärke der Krankheitssymptome hängt von der Strahlendosis ab. Bei sehr, sehr starker Strahlenbelastung tritt innerhalb von Minuten der Tod ein. Betroffen sind vor allem Gewebe, die sich rasch erneuern, zum Beispiel das Blut oder eben die Haut.

Die äußerste Hautschicht erneuert sich ständig: Alte Haut- und Haarzellen sterben ab und werden durch neue ersetzt. Verantwortlich für diese Erneuerung sind Stammzellen, die ständig neue Zellen produzieren und für Nachschub sorgen.

Stammzellen reagieren jedoch besonders empfindlich auf Röntgenstrahlung. Sterben sie ab, versiegt der Nachschub. Die Haare fallen aus. Die Haut altert, rötet sich, bildet Geschwüre und Blasen. Jahre oder Jahrzehnte später kann Hautkrebs entstehen.

ZERTIFIKAT ALS DANK – PLUS 25 DOLLAR

IN DEN JAHREN 1932 BIS 1972 WURDE IM AMERIKANISCHEN BUNDESSTAAT ALABAMA DIE VERMUTLICH RASSISTISCHSTE KLINISCHE STUDIE IN DER GESCHICHTE DER USA DURCHGEFÜHRT – IM AUFTRAG DER STAATLICHEN GESUNDHEITSBEHÖRDE. DIE AUSWIRKUNGEN SIND BIS HEUTE SPÜRBAR.

BLOOD BAD

#5 Wissenschaftsskandal

STAATLICH VERORDNETER TOD

FREIWILLIGE LANDARBEITER AUS DER GEGEND UM TUSKEGEE

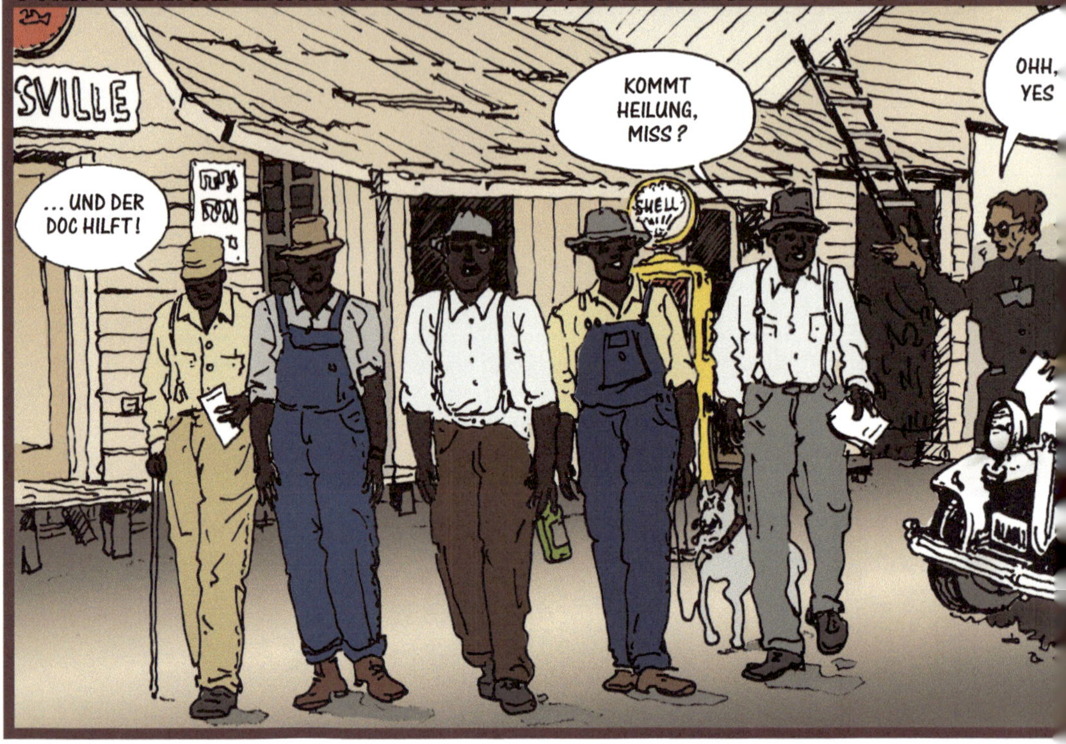

SVILLE

... UND DER DOC HILFT!

KOMMT HEILUNG, MISS?

OHH, YES

1932

BEGINN DER STUDIE

Green Adair, Coton Adams, James Adams, Louis Adams, Prince Albert ... bis Jack Young – insgesamt 600 Namen umfasste die Liste.

Nun endlich konnten sie loslegen, die Regierungsärzte Raymond Vonderlehr, Oliver Wenger, Taliaferro Clark und Eugene Dibble mit ihrer Studie zur Erforschung der Syphilis – finanziert vom Public Health Service, einer Behörde des US-Gesundheitsministeriums.

Sie gaben ihr den Titel »Tuskegee Study of Untreated Syphilis in the Negro Male«.

600 schwarze Männer im Alter ab 25 Jahren hatten die Ärzte rekrutiert, hier in der Region um die Stadt Tuskegee, im Süden der USA, wo die Sklaverei zwar 70 Jahre zuvor abgeschafft worden war, wo aber die meisten Schwarzen noch immer wie Leibeigene Baumwollfelder aberneteten.

EUNICE RIVERS – MIT DEM EINMALIGEN ANGEBOT

Nur wenige Schwarze konnten lesen und schreiben. Wenn sie einen Arzt brauchten, mussten sie das Geld vor der Behandlung auf den Tisch legen, ansonsten rührte ein Arzt meist keinen Finger.

Darum waren sie hellhörig geworden, die Männer in Tuskegee, als die schwarze Krankenschwester Eunice Rivers, die im Auftrag der Regierungsärzte arbeitete, sie mit einem besonderen Angebot lockte:

»Letzte Chance für eine kostenlose Spezialbehandlung«, verkündete sie. Zudem winkten freie Mahlzeiten und 50 Dollar für die Beerdigung.

Also gingen sie hin, zu den Herren Doktoren, ließen sich in die Liste eintragen und hofften auf gute Medizin.

Sie ahnten nicht, dass die Ärzte gar nicht im Sinn hatten, sie von ihrer Krankheit zu heilen. Die Ärzte wollten untersuchen, wie sich Syphilis entwickelt und ob die Erkrankung in Schwarzen anders abläuft als in Weißen. Die Ärzte waren der Meinung, »Nigger« seien minderwertig, geistig gegenüber den Weißen um 1000 Jahre zurückgeblieben. Dafür seien sie sexuell hyperaktiv, hätten große Geschlechtsteile und es sei daher nicht verwunderlich, dass sie an allerlei Geschlechtskrankheiten leiden würden.

»Eine notorisch syphilisverseuchte Rasse«, schrieb einer der Doktoren.

Die Region um Tuskegee, das Macon County, schien der ideale Ort zu sein für eine Studie über Syphilis, denn nirgends in Amerika lebten mehr Schwarze mit der Geschlechtskrankheit: Etwa 35 Prozent der Bevölkerung waren vom Erreger befallen.

Zunächst stellten die Ärzte fest, welche der 600 Männer an Syphilis litten. Die von Schwester Rivers verkündete »kostenlose Spezialbehandlung« stellte sich nun als nicht ungefährliche Rückenmarkspunktion heraus, da sich der Syphilis-Erreger in der Rückenmarksflüssigkeit gut nachweisen lässt.

Die Patienten litten danach tagelang unter stärksten Kopfschmerzen, einer der Ärzte schrieb von »erinnerungswürdigen Kopfschmerzen«, viele konnten sich kaum bewegen.

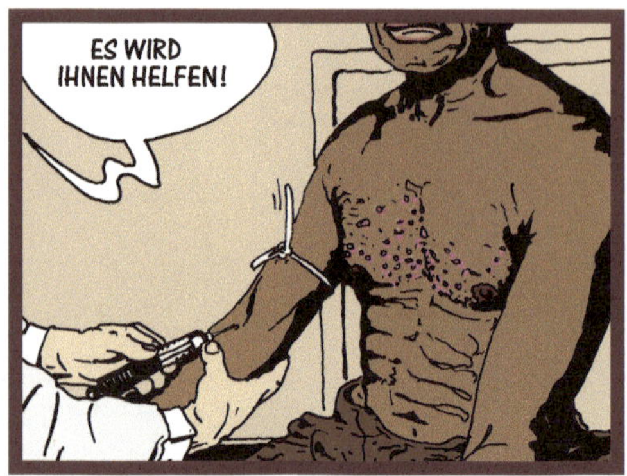

Nach dieser Untersuchung wurden die Männer auf zwei Gruppen verteilt: Die Gruppe der Syphilis-Kranken umfasste insgesamt 399 Namen, die Kontrollgruppe 201 gesunde Patienten.

Den kranken Männern erklärten sie, sie hätten »bad blood«, schlechtes Blut – und gaben ihnen Scheinmedikamente.

Das Studienprotokoll sah zunächst vor, die Patienten bis zu ihrem Tod ihrem Schicksal zu überlassen.

»So wie ich es sehe, haben wir kein weiteres Interesse an den Patienten, bis sie sterben«, schrieb Doktor Wenger an seinen Kollegen Vonderlehr im Juli 1933.

Nach dem Ableben wollte man die Patienten aufschneiden, die Kranken wie die Gesunden, um zu untersuchen, was die Krankheit im Körper angerichtet hatte und wie das im Vergleich zu den Gesunden aussah. Auch über diese geplante Autopsie informierten die Ärzte die Studienteilnehmer nicht.

»Ansonsten würden sie alle aus Macon County verschwinden«, wie es ein Arzt lakonisch festhielt. Entsprechend wurden die versprochenen 50 Dollar für die Beerdigung nur ausbezahlt, wenn die Angehörigen der Autopsie zustimmten.

ERSTE ERGEBNISSE – WENIG ÜBERRASCHEND …

Vier Jahre nach Beginn der Studie freute sich das Ärzteteam über die ersten wissenschaftlichen Lorbeeren:

Im Jahre 1936 berichteten Vonderlehr, Clarke und Wenger im *Journal of the American Medical Association* über ihre Studienbefunde, die allerdings wenig überraschend ausfielen.

Viele der unbehandelten Schwarzen litten an Herz-Kreislauf-Erkrankungen sowie Störungen des Nervensystems – Syphilis-Symptome, die schon zu der damaligen Zeit bekannt waren.

Die Sterblichkeit war im Vergleich zu den Gesunden stark erhöht – auch das keine Überraschung.

Im Anhang der JAMA-Publikation schrieb Vonderlehr über die schwarzen Patienten:

»Der durchschnittliche Negro ist eine angenehme Person und er hat eine Tendenz, fast allem zuzustimmen, bei dem man es sich wünscht, dass er zustimmt.«

Die Doktoren »sorgten gut« für ihre Patienten: Sie verhinderten während des Zweiten Weltkriegs zum Beispiel, dass ihre Patienten in die Armee eingezogen wurden. Da die Studie durch US-Bundesmittel bezahlt wurde, konnten die Ärzte beim Militär intervenieren.

Vonderlehr schrieb an den zuständigen Militärarzt, seine Studienteilnehmer seien unabkömmlich, da »diese Studie von entscheidender Bedeutung für die Wissenschaft ist«.

Die Teilnehmer wurden zwar im Rahmen der militärischen Musterung untersucht, aber die Studienärzte bestanden darauf, dass sie keinerlei medizinische Behandlung gegen Syphilis erhielten. Danach wurden sie aus der Armee entlassen.

1940

wurde Penicillin als wirksames Mittel gegen Syphilis eingesetzt.

Aber von diesem medizinischen Fortschritt erfuhren die Teilnehmer der Studie nichts, im Gegenteil, sie wurden davon abgeschirmt.

1950

begann die Rate an Syphilis-Erkrankungen in ganz Amerika zu sinken.

Aber allen niedergelassenen Ärzten im Macon County wurde verboten, die Studienteilnehmer gegen Syphilis zu behandeln.

Stattdessen steckten die Teilnehmer ihre Frauen an und diese steckten ihre ungeborenen Kinder an, was zu Fehlgeburten führte oder zu Kindern, die an Hepatitis litten oder an Schwerhörigkeit.

Syphilis verläuft in vier Phasen.

Die Krankheit wird hauptsächlich sexuell übertragen, aber nicht nur.

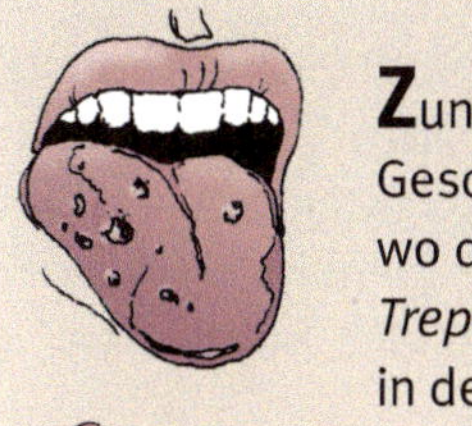

Zunächst entsteht ein Geschwür an der Stelle, wo der Erreger *Treponema pallidum* in den Körper eintritt.

Dann wuchert der Erreger in den ganzen Körper aus.

In der zweiten Phase treten grippeartige Symptome auf, der Patient leidet unter Glieder- und Kopfschmerzen.

Es folgen eitrige Hautausschläge und Haarausfall, Arteriosklerose kann entstehen, die Sehschärfe erlahmt.

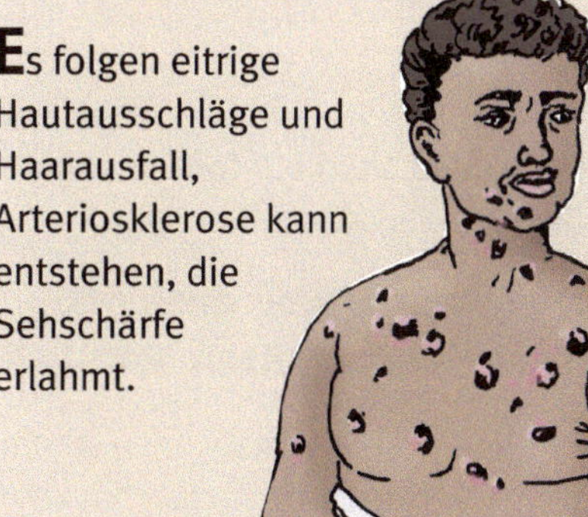

Drei bis fünf Jahre später sind die inneren Organe befallen, und es kommt zu Persönlichkeitsstörungen, Verfolgungs- und Größenwahn, Lähmungen und Demenz.

Schließlich stirbt der Patient.

KRITIK PERLT AB …

Dieses Schicksal erlitten viele Teilnehmer der Tuskegee-Studie.

Daher wurde die Kritik an der Studie immer lauter, besonders ab Mitte der 1960er-Jahre. Mehrere Medizinzeitschriften bemängelten, es sei unethisch, die Teilnehmer im Ungewissen zu lassen und eine Behandlung zu verweigern.

Einzelne Mediziner erklärten, spätestens ab dem Jahre 1953 hätte man die Männer mit Penicillin behandeln müssen, als dieses in der betroffenen Bevölkerung breit verabreicht wurde.

Auch die Deklaration von Helsinki, die Erklärung zu den ethischen Grundsätzen für die medizinische Forschung am Menschen, wurde ins Feld geführt, als diese im Jahre 1964 in Kraft trat.

Sie hält fest: Alle Patienten müssen über den Zweck einer Studie informiert und mit der Teilnahme einverstanden sein.

Bemängelt wurde aber auch der wissenschaftliche Nutzen der Studie.

Dieser sei gering – was tatsächlich stimmte, denn das verantwortliche Ärzteteam konnte auch Jahre nach dem Start der Studie keinerlei Unterschiede zwischen dem Verlauf der Syphilis-Erkrankung bei Schwarzen und Weißen erkennen. Und es wurden auch keine neuen Behandlungsmethoden gegen Syphilis entwickelt.

Doch die Kritik perlte am Ärzteteam und auch am Public Health Service ab.

Die wissenschaftliche Erkenntnis sei wichtiger als das Wohl Einzelner. Die Behörde erklärte, sie würde die Studie bis zum bitteren Ende führen. Bis zum Tod aller Studienteilnehmer.

Die Ungerechtigkeit stank noch einige weitere Jahre zum Himmel. Dann aber kam die Wende.

1972

erschien ein ausführlicher Artikel des *Associated Press* – Reporters Jean Heller über die Studie. Die Informationen hatte Heller von Peter Buyten erhalten, einem Mitarbeiter des Public Health Service, der – als er per Zufall von der Studie erfahren hatte – zunächst versucht hatte, die Studie auf internem Weg zu stoppen.

Als dies konstant abgewürgt wurde, steckte er die Geschichte einem Journalisten. Ein demokratischer Senator nannte im Artikel die Studie erstmals beim Namen.

Das Ganze sei »ein moralischer und ethischer Albtraum«.

Ein Aufschrei ging nun durch die USA, Protestmärsche wurden organisiert und ein Jahr später wurde die Studie gestoppt.

The New York Times

Syphilis Victims in U.S. Study Went Untreated for 40 Years

By JEAN HELLER
The Associated Press

WASHINGTON, July 25—For 40 years the United States Pub-

have serious doubts about the morality of the study, also say

ANZAHL DER TOTEN: UNBEKANNT …

Von den ursprünglich 600 Patienten lebten zu diesem Zeitpunkt noch 74.

Wie viele Männer zwischen 1932 und 1972 an Syphilis gestorben waren, konnte oder wollte niemand sagen. Die Verstorbenen waren ersetzt worden, aber es war unklar, wie viele das waren.

Das Vorgehen von Behörden und Ärzten wurde nun politisch aufgearbeitet.

Ein Panel erhielt die Aufgabe, die düstere Vergangenheit auszuleuchten. Involvierte Ärzte und Studienteilnehmer wurden befragt, Studienprotokolle gesichtet und nach einjähriger Arbeit kam das Panel zur Erkenntnis, dass die Studie bereits zu Beginn, im Jahre 1932, ungerechtfertigt war, weil auch mit dem damaligen Moralverständnis keine Experimente mit Menschen hätten gemacht werden dürfen, die nicht darüber informiert wurden.

Zusätzlich fiel auch das Urteil über das wissenschaftliche Gewicht der Studie vernichtend aus.

Die Aufarbeitung der Datenqualität sei schlecht gewesen, ebenso das Studienprotokoll. Insgesamt bezeichneten die Experten die medizinischen Ergebnisse aus 40 Jahren Forschung als »mager«.

Nach den politischen wurden nun die juristischen Messer gewetzt. Im Jahre 1973 erfolgte eine Sammelklage.

Nach zähen Verhandlungen erhielten die Opfer insgesamt zehn Millionen Dollar Entschädigung.

Alle noch lebenden ehemaligen Teilnehmer der Studie erhielten 37 500 Dollar Entschädigung und freie Gesundheitsversorgung bis an ihr Lebensende, Angehörige erhielten 15 000 Dollar, was im Vergleich zu ähnlich gelagerten Fällen eher mager war.

Der amerikanische Präsident Bill Clinton entschuldigte sich im Jahre 1997 für die Taten des früheren US-Gesundheitsministeriums.

»Den Überlebenden, den Frauen und Familienmitgliedern, den Kindern und Großkindern sage ich, was sie wissen: Keine Macht auf dieser Welt kann ihnen das Leben zurückgeben, das sie verloren haben, den erlittenen Schmerz, die Jahre des inneren Sturms«, erklärte Clinton in einer Pressekonferenz im Weißen Haus.

»Was geschehen ist, kann nicht ungeschehen gemacht werden. Aber wir können das Schweigen beenden. Wir können aufhören, unsere Köpfe wegzudrehen. Wir können Euch in die Augen schauen und endlich sagen, im Namen des amerikanischen Volkes: Was die Regierung der Vereinigten Staaten tat, war schändlich und es tut uns leid.«

Fünf von damals noch acht lebenden Opfern waren an der Pressekonferenz anwesend.

Doch seine späte Entschuldigung konnte aufgerissene Wunden nicht mehr heilen.

Das Misstrauen der afroamerikanischen Bevölkerung gegenüber Regierung und Ärzten sitzt bis heute tief:

58 Prozent der Schwarzen glauben noch heute, dass Ärzte Medikamente an Kranken ausprobieren, ohne dass die Kranken davon wissen.

Bei den Weißen sind es 25 Prozent. Nicht verwunderlich, dass es bis heute schwierig ist, die schwarze Bevölkerung für klinische Studien zu gewinnen.

EIN MAHNMAL …

Die Tuskegee-Syphilis-Studie gilt bis heute als Mahnmal für Rassismus und unethisches Verhalten in der medizinischen Forschung.

Der letzte Teilnehmer der Tuskegee-Studie starb im Jahre 2004, die letzte Witwe im Januar 2009. 16 Kinder von Teilnehmern leben noch heute und erhalten freie Gesundheitsversorgung.

Die zuständigen Ärzte blieben unbestraft.

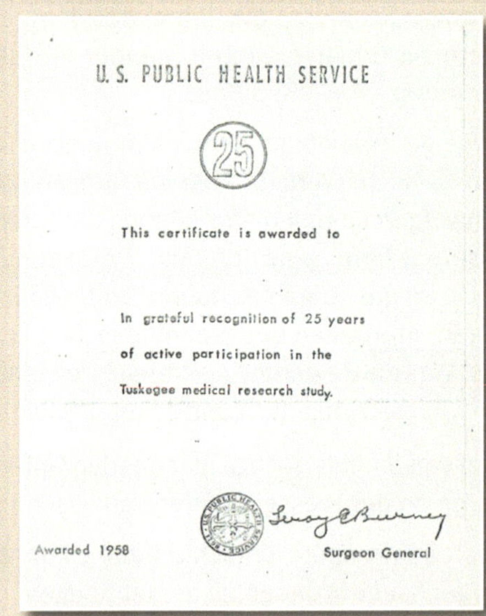

U. S. PUBLIC HEALTH SERVICE

25

This certificate is awarded to

In grateful recognition of 25 years of active participation in the Tuskegee medical research study.

Awarded 1958

Surgeon General

Die Studienteilnehmer erhielten 25 Jahre nach dem Start der Studie dieses Zertifikat – plus 25 Dollar.

PRAKTIKER VERSUS THEORETIKER

WENIG BEKANNT IST DER SKANDALÖSE ZWIST, DER SICH IN DEN 1930ER-JAHREN ENTWICKELTE – EIN IN EUROPA BEINAHE EINZIGARTIGER GELEHRTENSTREIT MIT TRAGISCHEM AUSGANG.

#6 *Wissenschaftsskandal*

EIN TÖDLICHER MATHEFEHLER

Karl von Terzaghi – für viele gehört der Name noch heute in die »Hall of Fame« berühmter Ingenieure. Er begründete mit seinen Theorien und Experimenten die moderne Bodenmechanik als selbstständige Wissenschaft. Dafür erhielt er im Laufe seines Lebens nicht weniger als neun Ehrendoktortitel.

Karl von Terzaghi wurde im Jahre 1883 in Prag in eine Familie mit langer militärischer Tradition hineingeboren. Karl besuchte daher militärische Schulen. Später zog die Familie nach Österreich, der Jüngling studierte an der Technischen Universität in Graz und wurde rasch zu einem brillanten Bauingenieur. Bereits in jungen Jahren leitete er umfangreiche Bauprojekte, zum Beispiel den Bau eines Damms in Kroatien.

Im Jahre 1925 publizierte er sein berühmtestes Werk, sein Magnum Opus »Erdbaumechanik«.

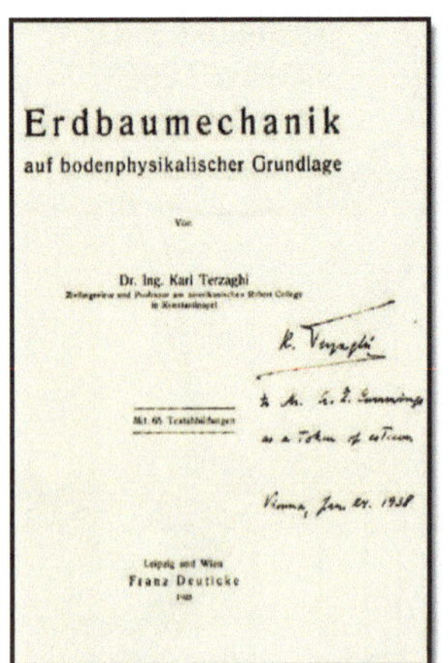

Erdbaumechanik
auf bodenphysikalischer Grundlage

Von

Dr. Ing. Karl Terzaghi

Mit 65 Textabbildungen

Leipzig und Wien
Franz Deuticke

Erdbaumechanik befasst sich generell mit der Bewegung und thermischen Veränderung von Sand und Lehm, die mit Grundwasser angereichert sind.

Terzaghi entwickelte Tests, mit deren Hilfe das Verhalten solcher Böden vorhergesagt werden konnte. Das war und ist noch immer Voraussetzung für den Bau von Kanälen, Eisenbahnlinien, Brücken oder Dämmen.

Terzaghi vereinigte in seinem Buch Theorie und Praxis in einzigartiger Weise.

Mitte der 1930er-Jahre erreichte Terzaghis Karriere einen Höhepunkt, als er von Hitlers Architekten Albert Speer um Rat gebeten wurde: Die Nazis wollten in Nürnberg eine monumentale Kongresshalle bauen, aber das Fundament bereitete Probleme.

Terzaghi sollte berechnen, wie mit einfachen Mitteln ein solides Fundament erstellt werden könnte. Im Rahmen dieses Projekts hat Terzaghi nach eigenen Tagebuchangaben den Führer persönlich getroffen und mit ihm unter vier Augen eine Dreiviertelstunde geplaudert.

ENTWURF DER KONGRESSHALLE

TERZAGHI WAR AN DER KONSTRUKTION DES ASSUAN-STAUDAMMS BETEILIGT

Gewisse Historiker bezweifeln dies allerdings. Jedenfalls gibt es auf Seiten Hitlers und seiner Entourage keinerlei Beweise für ein solches Treffen. Zudem ist es sehr unwahrscheinlich, dass Hitler ohne Begleitschutz derart lange mit einem Fremden diskutiert hätte, wie Terzaghi behauptete. Vielmehr zeigt dieses Beispiel wohl eher eine besondere Eigenschaft Terzaghis: Er war zwar ein brillanter Geist, aber auch ein Aufschneider, eitel und egozentrisch, ein gutaussehender Mann, der von sich, seiner Meinung und seiner Wichtigkeit überzeugt war.

TERZAGHI ALS MATHEMATISCHER JONGLEUR … 1936

Der Skandal begann im Dezember 1936. Zu diesem Zeitpunkt veröffentlichte ein gewisser Paul Fillunger – wie Terzaghi Professor an der Technischen Universität Wien – ein Pamphlet mit dem Titel »Erdbaumechanik?« und verschickte es an 100 interessierte Fachleute, vor allem in Österreich und Deutschland. Fillunger zerlegte in diesem Papier in sechs säuberlich aufgelisteten Kapiteln Terzaghis Arbeiten zu porösen Körpern.

Einerseits beschrieb Fillunger darin viele technische Fehler, andererseits wurde er sehr polemisch gegen Terzaghi als Person. Er kritisierte zum Beispiel eine Differentialgleichung, die Terzaghi in einer Berechnung angeführt hatte, und kommentierte:

Offenbar habe Terzaghi eine neue Form der Differentialgleichung entdeckt. Fillunger bezeichnete diese spöttisch als »Terzaghi-Differential«.

Jeder studentische Prüfling hätte diese Aufgabe besser gelöst, so der Mathematikprofessor Fillunger weiter. Terzaghi und sein Mitautor Otto Karl Fröhlich seien nichts anderes als »mathematische Jongleure«.

Fillunger unterstellte Terzaghi zudem, dass er diese Fehler nicht aus Dummheit, sondern wider besseren Wissens begangen habe und dass er sich mit diesen Irrlehren bereichern würde in seiner Tätigkeit als beratender Ingenieur.

Fillunger wollte sich mit diesem Schritt an Terzaghi rächen; die beiden waren bereits in der Vergangenheit mehrfach aneinandergeraten und konnten sich auf den Tod nicht ausstehen.

DER GEGENANGRIFF DURCH TERZAGHI … 1937

Wer Terzaghis Persönlichkeit kannte, der konnte sich ausmalen, was kommen würde. Diesen Angriff konnte er nicht auf sich sitzen lassen.

Ein heftiges Duell entbrannte.

Umgehend holte Terzaghi zum Gegenschlag aus. Er begann mit dem Schreiben einer Entgegnung, die im Januar 1937 veröffentlicht wurde. Titel: »Erdbaumechanik und Baupraxis: Eine Klarstellung«.

Da Fillunger als sattelfester Theoretiker galt, konzentrierte sich Terzaghi bei seinem Gegenschlag vor allem auf die Praxis: Erdbaumechanik sei dazu da, praktische Probleme zu lösen.

Terzaghi schrieb zudem dem Rektor der Universität Wien einen Brief, in dem er Fillungers Tat als »die denkbar gröbste Verletzung der Standespflichten eines Hochschullehrers« geißelte und den Rektor zu Disziplinarmaßnahmen gegenüber Fillunger aufforderte.

Der Rektor nahm Terzaghis Anliegen ernst und erstattete Anzeige. Eine unabhängige Untersuchungskommission wurde eingesetzt, um die Angelegenheit zu klären.

Die beiden Streithähne wurden in der Folge durch die Kommissionsmitglieder angehört. In einer Sitzung im Januar 1937 wurde den Mitgliedern klar, dass Fillunger wiederum selbst in wenigen seiner Gleichungen im Pamphlet »Erdbaumechanik?« unverzeihliche mathematische Fehler begangen hatte,

Bau der Reichsbrücke in Wien: Paul Fillunger stritt öffentlich mit Professorenkollege Karl von Terzaghi, weil er der Meinung war, die Brücke sei nicht standhaft genug geplant.

insbesondere beim »Terzaghi-Differential« über das sich Fillunger derart lustig gemacht hatte. Auch Fillunger hatte in der Zwischenzeit seinen Irrtum mit Schrecken erkannt. Ein gravierender Mathefehler, denn er ahnte, was nun kommen würde.

Er ahnte, was die Kommission beschließen würde.

Dass er seine Stellung an der Universität verlieren würde, seinen Rang und Namen in der Wissenschaft, den er sich über all die Jahre hart erarbeitet hatte.

Was sollte er tun ?

6. MÄRZ – DER MILCHMANN WIRD ABBESTELLT …

Nachdem Fillunger erfahren hatte, dass die Kommission zu einer Entscheidung gelangt war und dass sie nicht zu seinen Gunsten ausgefallen war, fasste er einen tragischen Entschluss.

Im Verlaufe des Tages bestellte Frau Fillunger den Milchmann ab. Am Abend, als ihr Mann nach Hause kam, schrieb das Ehepaar insgesamt zehn Briefe.

Einer dieser Briefe ging an Paul Fillungers langjährigen Mitarbeiter Dr. Jezek:

»Lieber Herr Jezek, denken Sie nicht zu unfair über Ihren langjährigen Vorgesetzten, dem Sie stets ein treuer Mitarbeiter waren. Ich danke Ihnen für Ihre Güte, Fillunger.

Unglücklicherweise war ich gegenüber Ihren Warnungen taub.«

An die Polizei schrieben sie: »Meine Blindheit hat mich verlassen – der gute Glaube, in welchem ich mich vor nicht allzu langer Zeit wiegte, existiert nicht mehr. Schwere Attacken gegen eine andere Person fordern Buße, die ich nur mir selbst geben kann. Meine sehr tapfere Frau wird mich nicht alleine büßen lassen.«

»Wir möchten den Todesstoß vor der Beerdigung.«

(Es gab in Österreich einen Brauch, dass toten Menschen auf Verlangen ein Todesstoß ins Herz versetzt wurde, um sicherzustellen, dass sie wirklich tot sind.)

Margarete Fillunger schrieb im gleichen Brief:

»Die große Hingabe und Liebe für die Wissenschaft, welche mein Mann stets als seine wertvollste Gabe hegte, führte uns, aufgrund eines wissenschaftlichen Fehlers, in den Tod. Unsere Ehre kann nur auf diesem Wege gerettet werden und der Glaube soll uns angerechnet werden, dass nur die edelste Meinung und ehrlichste Überzeugung der Wahrheit zu dienen, diesen wissenschaftlichen Schritt gerechtfertigt hat.«

Die Briefe wurden auf Paul Fillungers Arbeitspult deponiert. Dann setzten die beiden die Türglocke außer Betrieb. An die Badzimmertür hefteten sie eine Warnung: »Bitte kein Licht machen!« Beide zogen schwarze Kleider an, nahmen Schlafmittel und drehten den Gashahn auf. Der Hausverwalter fand die beiden Leichen zwei Tage später.

PRAKTIKER VS. THEORETIKER …

Aus heutiger Sicht mutet der ganze Streit unwirklich an, denn Fillunger hatte in einigen Kritikpunkten recht, in einigen unrecht.

Allerdings hatte er einen neuartigen, theoretischen Ansatz gewählt, den Terzaghi und Fröhlich nicht verstanden – oder nicht verstehen wollten.

Einige von Fillungers Ideen waren durchaus brillant.

Terzaghi und Fröhlich argumentierten jedoch aus der Praxis heraus. Das wiederum verstand Fillunger nicht.

Fillunger wurde aber zum Verhängnis, dass er in seinem Pamphlet auch sehr persönlich und ausfällig wurde. Dieses Vorgehen goutierte weder die Wissenschaftsgemeinde noch die zuständige Untersuchungskommission.

Und es kostete sein Leben und das seiner Frau.

1943 – DER DECHIFFRIERER VON BLETCHLEY PARK
FÄLSCHLICH · EINFÄLTIG · GENIAL · SKANDALÖS · STARRSINNIG · TRAGISCH · UNVERSTÄNDLICH · STARRKÖPFIG · TÖDLICH · CHAOTISCH · DÜMMLICH · HALSBRECHERISCH · KOMISCH · ZUKUNFTSORIENTIERT · TRAUMATISCH · SARKASTISCH · VERWERFLICH · UTOPISCH · ABARTIG · NAIV · BELEIDIGEND · WOHLWOLLEND · KINDLICH · ALTERTÜMLICH · HERZLICH · TÖDLICH · SARKASTISCH · ABARTIG · KOMISCH · KAUZIG · DRAMATISCH · WITZIG · GEFÄHRLICH · GLAMOURÖS · FUTURIS-TISCH · MÖRDERISCH · OPTIMISTISCH · GIERIG …
#7 Wissenschaftsskandal
EIN MATHEMATIKER ALS VERSUCHS-KANINCHEN
U 558
SOS
Männer!
ODER …
CHURCHILLS BESTE GANS IM STALL

Im März 1952 rief der Mathematiker Alan Turing die Polizei von Manchester, um einen Diebstahl zu melden. Das hätte er besser bleiben lassen, denn die Geschehnisse nahmen einen unerwarteten Lauf. Wenig später fand sich Turing vor Gericht wieder, vor eine Entscheidung gestellt, die sein Leben grundlegend verändern sollte: ein Jahr ins Gefängnis oder zum Versuchskaninchen werden.

WIE WAR TURING IN DIESE LAGE GERATEN?

Alan Turing war ein Kriegsheld, allerdings wusste das fast niemand. Der Engländer hatte an einem der verborgensten Projekte des Zweiten Weltkriegs gearbeitet.

Turing hatte den Auftrag erhalten, die Chiffrier-Maschine der Nazis zu entschlüsseln – die Enigma – und schaffte dies tatsächlich im März 1943.

Dieses Meisterstück war kriegsentscheidend, denn nun kannten die Engländer die Positionen und Angriffspläne der deutschen U-Boote, die bis zu diesem Zeitpunkt massenweise englische Fracht- und Kriegsschiffe versenkt hatten.

HISTORIKER SIND SICH EINIG:

Hätten die Briten die deutschen Codes nicht geknackt, der Krieg hätte noch einiges länger gedauert.

So aber drehte ab dem Frühjahr 1943 der Wind, die Engländer hatten Turings Trumpf in der Hand, Hitler verlor die Schlacht im Atlantik.

ABSOLUTES STILLSCHWEIGEN …

Nach dem Krieg zeigte die englische Regierung allerdings kein Interesse, die Entschlüsselung durch Turing publik zu machen. Alle am Projekt beteiligten Personen hatten absolutes Stillschweigen einzuhalten. Immerhin erhielt Turing ein Jahr nach Kriegsende den königlichen Verdienstorden »Order of the British Empire«, der Grund dafür blieb aber verschwommen.

Erst im Jahre 1974 erschien das Buch *The Ultra Secret*, das die damaligen Ereignisse rekonstruierte.

Turing war aber nicht nur ein verkannter Kriegsheld, er war auch einer der Väter der künstlichen Intelligenz.

Seine Hypothese bestand darin, dass das menschliche Gehirn eine Art Computer darstellt.

Seine Ideen haben entscheidend zum Bau der ersten Computer beigetragen.

Noch heute kennen Wissenschaftler den

TURING–TEST!

Ein Test, um zu erkennen, ob ein Computer wirklich denken kann.

TURING RUFT DIE POLIZEI AN …

Doch all sein Genie nützte ihm wenig, als er im März 1952 die Polizei anrief, um einen Diebstahl zu melden.

Sein Haus war ausgeraubt worden.

Im Laufe der polizeilichen Ermittlungen stellte sich heraus, dass Turing den Dieb kannte: Es war ein 19-jähriger Strichjunge mit krimineller Vergangenheit, mit dem Turing eine Affäre gehabt hatte.

SPÄTER AUF DER POLIZEISTATION …

1952

Die Polizei interessierte sich nun immer weniger für die gestohlenen Gegenstände und immer mehr für Turings homosexuelle Vorlieben. Turing schien sich darüber jedoch keine Gedanken zu machen und hat wohl den schwulen Hintergrund der Affäre gegenüber der Polizei ausgeplaudert.

Zu dieser Zeit war Homosexualität in vielen Ländern strafbar, auch in England. Das englische Gesetz bezeichnete Homosexualität als »grobe Unanständigkeit«.

TURING KOMMT VOR DEN RICHTER ...

So fand sich Turing vor Gericht wieder. Angeklagt wegen »grober Unzucht und sexueller Perversion«.

Der als wortkarg und kauzig geltende Turing verzichtete darauf, sich vor Gericht zu verteidigen.

Er war der Meinung, nichts Unrechtes getan zu haben.

Das Gericht teilte seine Meinung nicht und stellte ihn vor eine Entscheidung: ein Jahr Gefängnis oder eine Behandlung mit dem weiblichen Geschlechtshormon Östrogen, um »von seiner Krankheit geheilt zu werden«.

Turing entschied sich gegen das Gefängnis.

Im April 1952 schrieb er an seinen Freund Philip Hall: »Ich muss während eines Jahres diese Organo-Therapie machen. Angeblich soll dadurch der sexuelle Drang reduziert werden, aber man soll wieder normal sein nach der Behandlung. Ich hoffe, sie haben recht. Die Psychiater dachten offenbar, es sei sinnlos, irgendeine Psychotherapie mit mir zu versuchen.«

Die Östrogenbehandlung zur Heilung von Homosexualität war damals erst an wenigen Personen getestet worden.

Turing wurde zu einem menschlichen Versuchskaninchen.

Die Behandlung war mit schweren Nebenwirkungen verbunden. Turing wurde impotent, es begannen ihm Brüste zu wachsen.

Das ganze Prozedere war eine Art chemische Kastration.

NOT AMUSED …

† 1954

Ein mit Brüsten ausgestatteter Mathematiker, darüber war die britische Regierung »not amused«.

Turing galt nun als mögliches Sicherheitsleck, er verlor den Zugang zu geheimen Dokumenten. Und auch privat ging es in der Folge bergab: Während der Behandlungsphase verließ Turing sein Haus nur noch selten. Er wurde depressiv.

Am 8. Juni 1954 fand die Putzfrau Turing tot auf dem Boden liegend, neben ihm ein halb aufgegessener Apfel.

Er war keine 42 Jahre alt geworden. Die Obduktion ergab eine Zyankalivergiftung.

Turing hatte – so vermuten manche – Zyankali in einen Apfel gespritzt und ihn aufgegessen – wie im Film *Schneewittchen und die sieben Zwerge*, den Turing einige Jahre zuvor im Kino gesehen und der ihn fasziniert hatte. Und wie heißt es da so traurig schön: »Tauch den Apfel ins Gebräu, lass den schlafenden Tod einziehen«.

Die Theorie des vergifteten Apfels ist jedoch umstritten. Seine Mutter meinte, ihr Sohn habe das Gift während eines Chemieexperiments unabsichtlich eingenommen.

DER BEFUND …
der Gerichtsmedizin lautete auf Selbstmord während … »die Ausgeglichenheit des Geistes gestört war«.

SPÄTE ENTSCHULDIGUNG …

REGIERUNGSCHEF GORDON BROWN

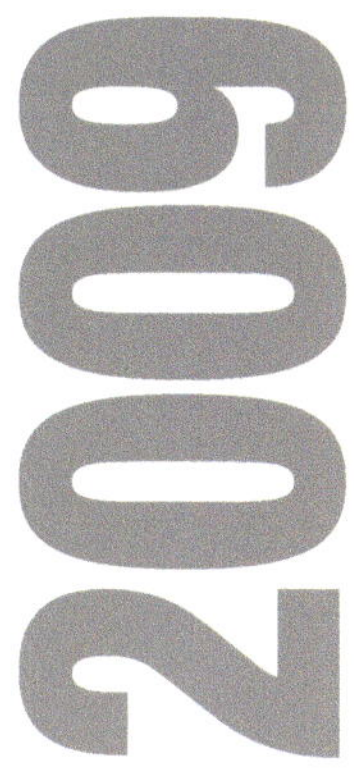

55 Jahre nach Alan Turings Tod entschuldigte sich der englische Premierminister Gordon Brown öffentlich für das Vorgehen der britischen Regierung.

Tausende von Menschen hatten den Premier in einer Petition dazu aufgefordert.

Brown erklärte, Turing habe mitgeholfen, dass die Konzentrationslager und die Gaskammern zu Europas Vergangenheit gehören und nicht zur Gegenwart. Und im Namen der britischen Regierung und all jener, die dank Alan Turings Arbeit in Freiheit leben, sei er stolz zu sagen:

»Es tut uns leid.
Sie hätten Besseres verdient.«

TURINGS APFEL UND APPLE …

Hartnäckig hält sich übrigens die Geschichte, dass Turings Apfel noch heute millionenfach verbreitet sei: auf allen Computern der Firma Apple. Die Apple-Gründer Steve Jobs und Steve Wozniak sollen Turings Apfel als Vorlage für ihr Firmenlogo verwendet haben. Dies allerdings ist vermutlich mehr eine Legende. Rob Janoff, der Grafiker, der das Apfel-Logo entworfen hat, verneint jedenfalls einen Zusammenhang und hält die Geschichte für eine wunderbare »urban legend«.

Vielmehr gibt es eine Verbindung zu einem anderen großen Mathematiker, zu Sir Isaac Newton, der einst, unter einem Baum sitzend, von einen Apfel getroffen wurde und dadurch auf die Idee mit dem Gravitationsgesetz kam. Jedenfalls war Newton auf dem allerersten Apple-Logo zu sehen.

Vielleicht war es aber auch ganz anders. Vielleicht wählte Steve Jobs den Namen Apple, weil er im Alphabet vor allem vor Atari sein wollte, seinem ehemaligen Arbeitgeber. Oder vielleicht entschied sich Jobs für den Apfel, weil er damals auf einer streng veganen Diät war. Jobs selbst hat sich jedenfalls nie allzu konkret zu diesen Geschichten geäußert und dadurch – absichtlich? – genügend Spielraum zur Interpretation gelassen.

DER »SPUTNIK DER CHIRURGIE«
FÄLSCHLICH · EINFÄLTIG · GENIAL · SKANDALÖS · UNRUHMLICH
STARRSINNIG · TRAGISCH · UNVERSTÄNDLICH · AUBLICH
· AFFENARTIG · TÖDLICH · CHAOTISCH · PEDANT SSVER-
STÄNDLICH · DÜMMLICH · HALSBRECHERISCH
· KOMISCH · ZUKUNFTSORIENTIERT · TRAUMATISCH · DÄMLICH · SAR-
KASTISCH · VERWERFLICH · UTOPISCH · ABARTIG · NAIV · BELEIDI-
GEND · WOHLWOLLEND · KINDLICH · ALTERTÜMLICH · HERZLICH ·
TÖDLICH · SAR-
KASTISCH · AB-
ARTIG · KAUZIG
· DRAMATISCH
WITZIG · GLA-
MOURÖS · FU-
TURISTISCH
· MÖRDERISCH ·
IDEALISTISCH ·
AFFENARTIG ...
#8 Wissenschaftsskandal
FRANKENSTEINS HUND
GRRR...
... WAS FÜR EIN GEWAGTES EXPERIMENT !
DAS WIRD NOCH AFFENARTIG !
NU, DAWAI !!!

IM JAHRE 1954 HOB SICH DER EISERNE VORHANG ETWAS UND DER WESTEN STAUNTE NICHT SCHLECHT, ALS EIN ZWEIKÖPFIGER HUND HERVORLUGTE. DER CHIRURG WLADIMIR DEMIKOW HATTE DAS WESEN ERSCHAFFEN.

DAS UNFASSBARE EXPERIMENT …

1954

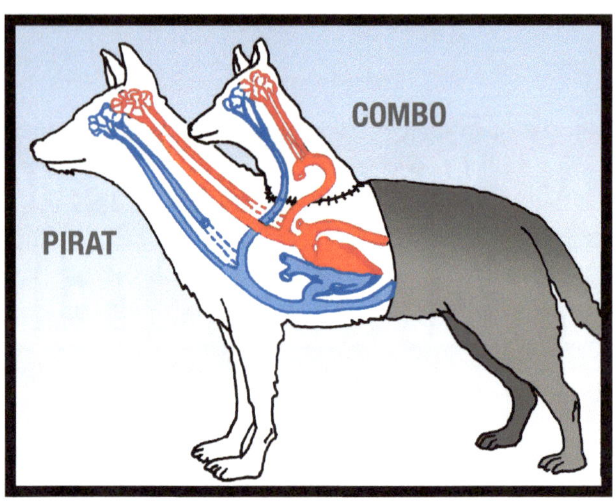

Radio Moskau vermeldete die folgende Nachricht:

Der russische Chirurg Wladimir Demikow habe Unmögliches ermöglicht und einen Hund mit zwei Köpfen erschaffen. Was für eine Sensation!

Unten ein ausgewachsener Deutscher Schäferhund namens Pirat und auf seiner Schulter der Kopf eines Hundewelpen namens Combo.

WLADIMIR DEMIKOW (1916–1998)

Drei Stunden hatte Demikow operiert, um den Kopf, die Schultern und die Vorderbeine des Hundewelpen zu transplantieren. Dabei hatte er die Arterien und die Venen der beiden Hunde miteinander verbunden, damit das Blut des Schäferhundes auch den Kopf des Welpen versorgt.

Beide Hunde seien wohlauf und hungrig, so die Radiomeldung.

Allerdings: »Der transplantierte Hundekopf verliert Wasser.« Und nicht nur das: Da Combos Speiseröhre offen war, tropfte die Milch, die Combo aus einer Schale leckte, unten wieder hinaus.

Combos Verspieltheit tat das keinen Abbruch. Der kleine Welpe leckte die Hände derer, die ihn streichelten, und knabberte auch mal an Pirats Ohr, wenn es ihn danach gelüstete.

Pirat wiederum hatte sich nach anfänglicher Verwunderung – zunächst hatte er versucht, das »Ding« auf seinem Rücken abzuschütteln – an die Situation gewöhnt.

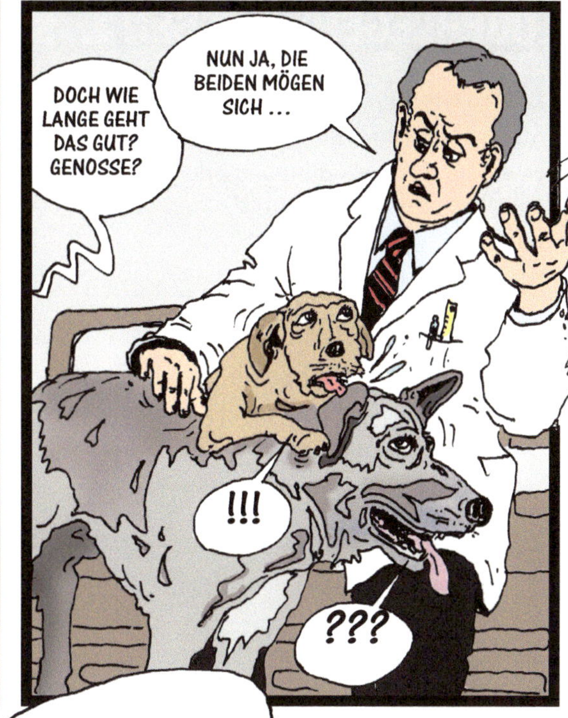

Erstaunlicherweise schliefen die Hunde nicht zur gleichen Zeit.

Auch wenn das Experiment für weltweite Schlagzeilen sorgte – es war zum Scheitern verurteilt. Denn zur damaligen Zeit war das Problem der Immunabstoßung noch nicht gelöst.

Die Immunsysteme von Pirat und Combo gerieten sich daher nach einigen Tagen in die Haare.

Das Duo lebte 29 Tage und starb dann – wie auch alle weiteren Exemplare, die Demikow erschuf.

ÜBERLEGENE RUSSEN ...

Die russischen Medien, insbesondere die russische Nachrichtenagentur Itar-Tass, feierten das Ereignis dennoch als Beweis für die Überlegenheit der russischen Wissenschaft.

Die Hunde erhielten den Spitznamen »Sputnik der Chirurgie«.

Das wollten die Amerikaner nicht auf sich sitzen lassen. Sie standen zu dieser Zeit noch immer unter Schock, nachdem die Russen ihnen im Jahre 1957 mit dem Sputnik-Satelliten eine herbe Niederlage im Weltraum verpasst hatten.

ROBERT WHITE (1926–2010)

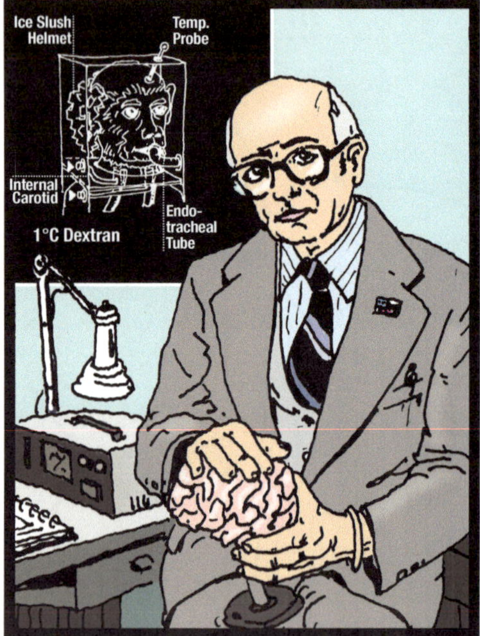

1970

Die amerikanische Antwort auf Demikow heißt Robert White.

Die Aufgabe des Harvard-Mediziners bestand darin, Demikows Arbeit zu übertreffen. Er versuchte eine vollständige Kopftransplantation bei Affen: Der Kopf eines Affen sollte dabei komplett abgetrennt und durch den Kopf eines anderen ersetzt werden. Keine einfache Aufgabe. Erst nach unzählige Versuchen und 13 Jahre später gelang ihm diese – manche würden sagen: kopflose – Tat.

Allerdings hatte der neue Kopf keinerlei Kontrolle über den alten Körper, denn die Nervenstränge waren durchtrennt und konnten nicht verbunden werden. Einzig die Blutversorgung vom Körper zum Kopf war sichergestellt.

Der Affe war sozusagen ein Tetraplegiker. Er konnte weder Arme noch Beine bewegen.

Immerhin zubeißen konnte er noch. Davon konnte sich White überzeugen, als er dem Affen seinen Finger hinhielt.

HITPARADE DER VERRÜCKTESTEN EXPERIMENTE ...

Heute gelten beide Experimente, Whites Kopftransplantation und Demikows zweiköpfige Hunde, als bizarr. Insbesondere Demikows zweiköpfige Hunde tauchen regelmäßig in Hitparaden der verrücktesten und skandalösesten Experimente auf.

Entsprechend wird der Russe oft nur noch als Erschaffer von Frankensteins Hund erwähnt.

Das ist aber nur die halbe Geschichte. Demikow war ein Pionier der Transplantation. Er war einer der ersten, der eine Herztransplantation durchgeführt hat.

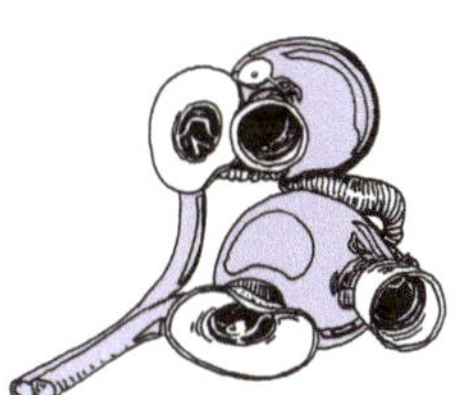

Modell eines der ersten Kunstherzen

Zudem hat er als Erster eine Lunge transplantiert. Und im Jahre 1952 hat er als erster Chirurg eine Bypass-Operation durchgeführt. Alles an Hunden.

Demikow war auch einer der Ersten, der mit Kunstherzen arbeitete, und er erreichte für die damaligen Verhältnisse erstaunliche Ergebnisse. Demikow arbeitete wie ein Besessener, Tag und Nacht, und stand auch am Weihnachtsabend im Operationssaal, wenn es sein musste.

Sein Handwerk hatte er in den Ruinen von Stalingrad erlernt, einem der blutigsten Orte der Weltgeschichte. Dort hatte er während des Zweiten Weltkriegs als Chirurg im Lazarett gedient und jeweils innerhalb von Sekunden entscheiden müssen, bei welchen Verwundeten sich eine Operation nicht mehr lohnt. Seine Transplantationsexperimente an Hunden gelten als Grundlage für spätere Herz- und Lungentransplantationen am Menschen.

Von Demikow führt eine direkte Linie zu Christiaan Barnard. Der Südafrikaner führte im Jahre 1967 erstmals eine Herztransplantation an einem Menschen durch.

Barnard bezeichnete Demikow als den »Vater der Herz- und Lungentransplantation«.

CHRISTIAAN BARNARD (1922–2001)

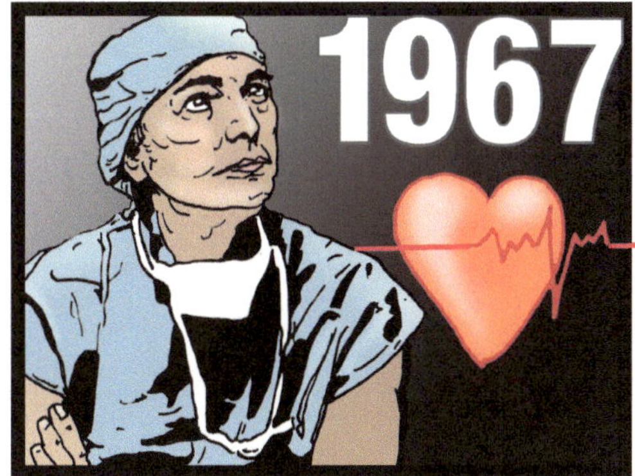

IM NOVEMBER

1998

starb Wladimir Demikow, im Alter von 82 Jahren, verwirrt und einsam in einer Einzimmerwohnung in einem Moskauer Vorort. Sein Tod blieb beinahe unbemerkt, seine Arbeiten waren in Vergessenheit geraten. Nur wenige Kollegen würdigten die Leistungen Demikows.

Immerhin erschien wenig später in der *New York Times* ein Nachruf. Darin sagte Robert White über seinen ehemaligen Kontrahenten:

»Er war ein faszinierender Mann, ein herausragender Chirurg. Er transplantierte – fast ausschließlich mit Hunden – beinahe jedes Organ, an das man nur denken kann.«

Robert White starb im September 2010.

VÄTER DER ORGAN-TRANSPLANTATION

RÜCKEN- ODER BAUCHLAGE?

ES PASSIERT MEIST NACHTS, AUS HEITEREM HIMMEL. PLÖTZLICH HÖRT DAS KIND AUF ZU ATMEN UND STIRBT. KEINER WEISS WARUM UND NIEMAND SIEHT ES KOMMEN. PLÖTZLICHER KINDSTOD IST DIE HÄUFIGSTE TODESURSACHE IN DEN ERSTEN LEBENSMONATEN EINES SÄUGLINGS. ES IST DER ALBTRAUM ALLER ELTERN, DENEN MAN HEUTE DRINGEND RÄT: DAS KIND ZUM SCHLAFEN AUF DEN RÜCKEN LEGEN! DAS WAR NICHT IMMER SO.

1946 veröffentlichte der amerikanische Kinderarzt und Psychiater Benjamin Spock das Buch Säuglings- und Kinderpflege, ein Ratgeberbuch über Kindererziehung.

Darin riet Spock den Eltern, sie sollten sich in Sachen Kindererziehung auf ihren eigenen gesunden Menschenverstand verlassen.

Spock nahm in seinen Texten die Eltern behutsam an der Hand, erklärte ihnen, wie man auf das Kind eingehen kann. Und er gab den Eltern weitere gute Ratschläge mit auf den Weg, zum Beispiel, Kinder als Individuen zu behandeln und nicht auf die Nachbarn zu hören, wenn es um Kindererziehung geht …

Solche Ratschläge waren neu, denn bisherige Bücher waren vor allem eines: strikt.

Nehmen Sie Ihr Kind nicht auf den Schoß! Nehmen Sie Ihr Kind nicht aus dem Bett, wenn es nicht einschlafen kann und schreit!

Spocks Ansatz hingegen war anders und er entsprach den Erwartungen einer Elterngeneration, die unter dem Schock des Zweiten Weltkrieges stand und sich neue Erziehungsmethoden wünschte. Innerhalb weniger Jahre erreichte die Auflage von Spocks Buch die Millionengrenze.

Bis heute wurde das Buch über 50 Millionen Mal verkauft und in 42 Sprachen übersetzt.

Das Buch gehört damit neben der Bibel zu den meistverkauften Büchern überhaupt. Es wurde zur Bibel der Babyboomer-Generation.

Spocks Buch war allerdings maßgeblich an einer Katastrophe beteiligt.

Nicht mit böser Absicht, das ist sicher, aber ab dem Jahre 1956 verkündete Spock in seinem Buch eine fatale Botschaft:

Legt die Babys zum Schlafen auf den Bauch.

Er war nicht der Vorreiter dieses Ratschlags und er war nicht der einzige Experte, der diesen Rat erteilte, aber da sein Buch derart verbreitet war, hatte seine Botschaft viel Gewicht.

Warum Bauch- statt Rückenlage?

Spock zufolge sei die Bauchlage besser, weil dadurch die Gefahr, dass das Kind an Erbrochenem erstickt, geringer sei und weil sein Kopf weniger flachgedrückt würde.

Ärzte argumentierten zudem, die Bauchlage sei besser für die Hüftentwicklung des Säuglings und würde die Atmung erleichtern.

Schlafen auf dem Bauch wurde wohl aber auch deshalb bei manchen Eltern beliebt, weil viele Babys auf dem Bauch besser einschlafen und vor allem länger schlafen.

Trotzdem gab es aus wissenschaftlicher Sicht keine namhaften Gründe, die für eine Umstellung sprachen, Studien gab es jedenfalls keine.

Dass Kinder weniger an Erbrochenem ersticken, wenn sie auf dem Bauch liegen, ist falsch, auch wenn es einleuchtend klingt. Der Ratschlag zur Bauchlage hat aus heutiger Sicht den Anschein eines Bauchentscheids. Aber viele folgten ihm.

AB DEN 1960ER-JAHREN BIS IN DIE SPÄTEN 1980ER-JAHRE LEGTEN ELTERN ZUERST IN SAN FRANCISCO UND NEW YORK, DANN AUCH IN LONDON UND BERLIN IHRE KINDER BÄUCHLINGS IN DIE WIEGE.

EIN TÖDLICHER IRRTUM.

ERSTE ANZEICHEN DES IRRTUMS …

Anfang der 1970er-Jahre erschienen zwei wissenschaftliche Studien, die zeigten, dass die Bauchlage das Risiko für einen plötzlichen Kindstod erhöht. Aber die Mühlen der Wissenschaft mahlen zuweilen langsam und trotz der beunruhigenden Ergebnisse passierte weitere 16 Jahre lang vor allem etwas: so ziemlich gar nichts. Kaum ein Arzt nahm sich des Themas an und verglich die Vor- und Nachteile von Rücken- und Bauchlage.

Erst im Jahre 1985 wurde eine weitere Studie veröffentlicht:

Sie zeigte, dass in Hongkong bedeutend weniger Kinder am plötzlichen Kindstod starben, und führte dies darauf zurück, dass die Kinder dort auf dem Rücken schliefen.

Nun endlich reagierten Experten und Gesundheitsbehörden.

Die Holländer gehörten zu den Ersten, die ihre Richtlinien anpassten und eine nationale Kampagne starteten, um die Eltern umzuerziehen – vom Bauch wieder auf den Rücken.

1990

Die Schweiz begann mit entsprechenden Kampagnen im Jahre 1990. Bald zogen auch die USA nach. Titel der amerikanischen Kampagne: »Back to sleep«.

Und nun erst offenbarte sich das Ausmaß der ganzen Katastrophe.

Innerhalb weniger Jahre sanken die Zahlen der an plötzlichem Kindstod verstorbenen Säuglinge dramatisch um 50 und mehr Prozent. Wurden im Jahre 1989 in der Schweiz 100 Fälle gezählt, waren es 2010 noch sieben Fälle. Die Säuglingssterblichkeit nahm gemäß dem Schweizer Bundesamt für Statistik zwischen 1993 und 2002 um 47 Prozent ab, Hauptgrund dafür waren weniger Fälle von plötzlichem Kindstod.

In vielen anderen Ländern ist das Bild ähnlich. In Deutschland beispielsweise starben im Jahre 1989 etwa 1200 Kinder an plötzlichem Kindstod, heute sind es noch etwa 250 pro Jahr.

Dieser Erfolg ist zu einem großen Teil, aber nicht ausschließlich, darauf zurückzuführen, dass die Babys nun wieder auf dem Rücken schlafen.

HEUTE WEISS MAN, DASS DAS RISIKO FÜR EINEN PLÖTZLICHEN KINDSTOD BEI BAUCHLAGE ETWA NEUNMAL GRÖSSER IST.

Ein anderer Faktor, der das Risiko von plötzlichem Kindstod erhöht, ist Tabakrauch.

HÄTTEN 50 000 SÄUGLINGE GERETTET WERDEN KÖNNEN?

Einige Forscher schätzen heute, dass weltweit 50 000 Säuglinge hätten gerettet werden können, wenn die Experten rascher reagiert hätten und die ersten Warnsignale Anfang der 1970er-Jahre erkannt hätten.

Allein die Zahlen für England und Wales sind erschreckend:

In der Zeit zwischen 1974 und 1991 hätten 11 000 Todesfälle verhindert werden können, zwölf Babys pro Woche. Die Zahlen für die USA sind noch höher, weil dort prozentual mehr Kinder zum Schlafen auf den Bauch gelegt wurden als irgendwo sonst auf der Welt.

Dass es auch anders ging, zeigt das Beispiel der DDR:

Dort rieten Kinderärzte bereits in den 1970er-Jahren, Säuglinge zum Schlafen auf den Rücken zu legen.

Dies ist wohl auf den Umstand zurückzuführen, dass Babys in der DDR in Krippen und Tagesheimen betreut wurden. Wenn ein Kind starb, so wurde es untersucht, weshalb Experten den tödlichen Effekt der Bauchlage früh entdeckten.

Bereits ab dem Jahre 1972 schliefen Kinder in der DDR mehrheitlich auf dem Rücken.

Diese Geschichte zeigt leider, wie in der Medizin aus Hypothesen und Vermutungen Richtlinien entstehen können und welche Folgen dies haben kann.

Die Schlussfolgerung ist klar:

MEDIZINISCHE EMPFEHLUGEN DÜRFEN NUR FAKTENBASIERT ERFOLGEN, AUCH WENN ES NUR UM SO SCHEINBAR BANALE EMPFEHLUNGEN GEHT WIE:

RÜCKEN- ODER BAUCHLAGE FÜR BABYS?

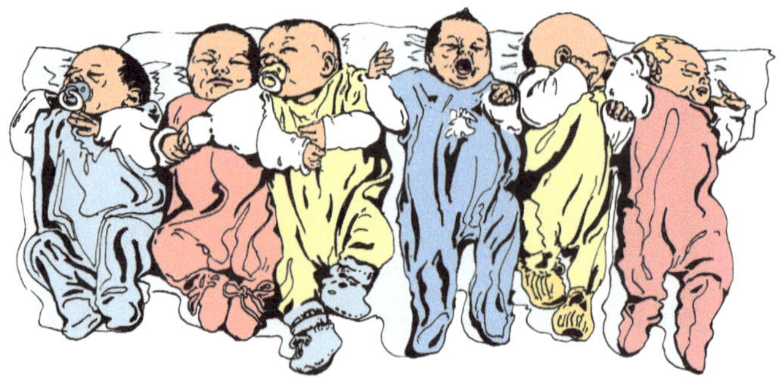

GESCHLECHTSUMWANDLUNG WIDER WILLEN
AM MORGEN DES 5. MAI 2004 PACKTE DER KANADIER DAVID REIMER SEINE SCHROTFLINTE, GING DAMIT IN DIE GARAGE, SÄGTE DEN LAUF AB, FUHR MIT DEM AUTO AUF EINEN NAHE GELEGENEN PARKPLATZ, ERHOB SEINE WAFFE UND MACHTE SEINEN QUALEN EIN ENDE – IM ALTER VON 38 JAHREN. DIESER SELBSTMORD SORGTE WELTWEIT FÜR SCHLAGZEILEN, DENN DAVID REIMER WAR EINER DER BEKANNTESTEN PATIENTEN IN DER GESCHICHTE DER MEDIZIN.
#10 Wissenschaftsskandal
DER JUNGE, DER ZUM MÄDCHEN UND WIEDER ZUM JUNGEN WURDE
EINE ODYSSEE!
?
!
BRUCE, alias BRENDA, alias DAVID
GRRR...

BRUCE UND BRIAN …

1965

Reimer wurde im Jahre 1965 im kanadischen Winnipeg geboren – damals unter dem Namen Bruce Reimer.

Im Alter von acht Monaten wurden er und sein Zwillingsbruder Brian ins St. Boniface Hospital gebracht, denn die Mutter hatte beobachtet, dass die beiden Buben während des Pinkelns oft weinten.

Eine Beschneidung, schon damals ein routinemäßiger Eingriff, sollte Abhilfe schaffen. Doch der sogenannte Elektrokauter, der dabei zum Einsatz kam, funktionierte nicht richtig: Bruce' Penis wurde verkohlt.

Der Anästhesist, welcher der Operation beiwohnte, hörte ein Geräusch, wie wenn ein Steak scharf angebraten wird.

1966

ERSTE OP IM ST. BONIFACE HOSPITAL

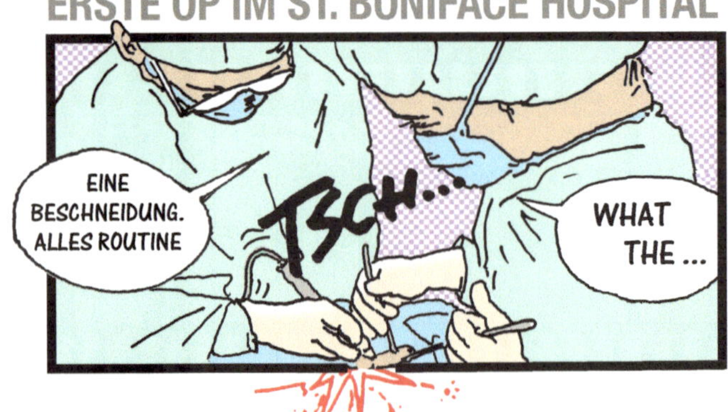

Das Verdikt der Ärzte war niederschmetternd: Bruce' Penis würde niemals funktionstüchtig sein.

Die jungen Eltern waren verzweifelt. Auf der Suche nach Hilfe pilgerten sie von Arzt zu Arzt, doch alle winkten ab.

Penisrekonstruktionen sind selbst heute noch komplizierte Eingriffe.

Etwas Hoffnung schöpften die Eltern, als sie einige Jahre später John Money kennenlernten, ein weithin bekannter Experte für Geschlechtsidentität am Johns Hopkins Hospital in Baltimore. Money schlug den Eltern vor, aus Bruce ein Mädchen zu machen. Nur so könne er jemals sexuelle Erfüllung finden.

BRUCE, DAS MÄDCHEN …

Money hatte bei seinem Vorschlag aber auch einen Hintergedanken.

Money vertrat die Hypothese, dass Kinder bis zum Alter von etwa zwei Jahren sexuell neutral seien und in Bezug auf ihre Geschlechtsidentität »umerzogen« werden könnten – unabhängig von der genetischen Veranlagung, unabhängig von X- und Y-Chromosomen.

MEINE THESE:

BIS ZU DIESEM ALTER KÖNNTEN DIE KINDER JE NACH ERZIEHUNG ALS JUNGE ODER ALS MÄDCHEN AUFWACHSEN. VORAUSGESETZT, FAMILIE UND FREUNDE WÜRDEN DAS KIND ENTSPRECHEND AUFZIEHEN.

Diese These war damals nicht nur unter Wissenschaftlern verbreitet, sondern auch unter Vertreterinnen der Frauenbewegung: Denn wenn die These stimmte, so würde das beweisen, dass Frauen- und Männerrollen nicht biologisch bestimmt, sondern austauschbar sind. Erziehung und Umwelt sind stärker als Gene, so die Theorie.

Für Money war Bruce Reimer eine einzigartige Gelegenheit, um seine These zu beweisen. Insbesondere weil er mit seinem Zwillingsbruder Brian sozusagen eine »Kontrolle« hatte.

Brian würde als normaler Junge aufwachsen, während aus Bruce ein Mädchen wurde. So könnte man die beiden jeweils direkt vergleichen. Money versicherte den Eltern, dass eine solche Umwandlung gute Chancen auf Erfolg habe, und berief sich dabei auf seine Erfahrungen mit Intersex-Kindern, also Kinder, bei denen das Geschlecht bei der Geburt nicht offensichtlich ist. Bruce Reimer war aber kein Intersex-Kind:

Er war das allererste Knäbchen, aus dem ein Mädchen werden sollte.

Die Eltern gingen auf Moneys Vorschlag ein. Aus Bruce wurde Brenda. Er erhielt eine künstliche Vagina.

Money riet den Eltern, dass Brenda von dieser Umwandlung nie etwas erfahren sollte, denn nur so könne sie ihre eigene Identität finden. Brenda solle fortan Mädchenkleider tragen und mit Puppen spielen.

BRENDA FÜHLTE SICH WIE EIN JUNGE …

Doch das Experiment entwickelte sich nicht wunschgemäß.

Bereits mit zwei Jahren riss Brenda stets an ihren Kleidern, weigerte sich, mit Puppen zu spielen, und stürzte sich stattdessen auf die Spielzeugautos und -waffen ihres Bruders.

Im Kindergarten wurde sie gehänselt, zum Beispiel, weil sie im Stehen pinkelte. In der Schule hatte sie schlechte Noten, und stets war sie unruhig.

Brendas Andersartigkeit war auffallend …

Und sie beklagte sich schon damals bei ihren Eltern, dass sie sich wie ein Junge fühle. Brenda merkte früh, dass mit ihr etwas nicht stimmte, aber sie wusste nicht, was.

Moneys Experiment wurde für die Familie zu einer immer größeren Belastung: Die Mutter entwickelte Schuldgefühle, wurde depressiv und versuchte sich das Leben zu nehmen. Der Vater begann zu trinken.

Die Situation verschlechterte sich weiter, als Brenda einige Jahre später in die Pubertät kam. Die männlichen Hormone im angeblich weiblichen Körper begannen verrückt zu spielen.

nach einem Originalfoto

Brian und seine »Zwillingsschwester« Brenda.

1980

Da konnten auch die verabreichten weiblichen Hormone nicht darüber hinwegtäuschen.

Der vernachlässigte Zwillingsbruder Brian, der darunter litt, dass die Eltern stets ein wachsameres Auge auf die Schwester hatten, rebellierte, ließ sich bei einem Ladendiebstahl erwischen und begann, Drogen zu konsumieren.

Die Familie floh vor ihren Problemen von Winnipeg nach British Columbia.

Das half nichts. Die familiären Probleme nahmen sie mit an die Westküste Kanadas. Als der Wohnwagen ausbrannte, zogen sie wieder nach Winnipeg.

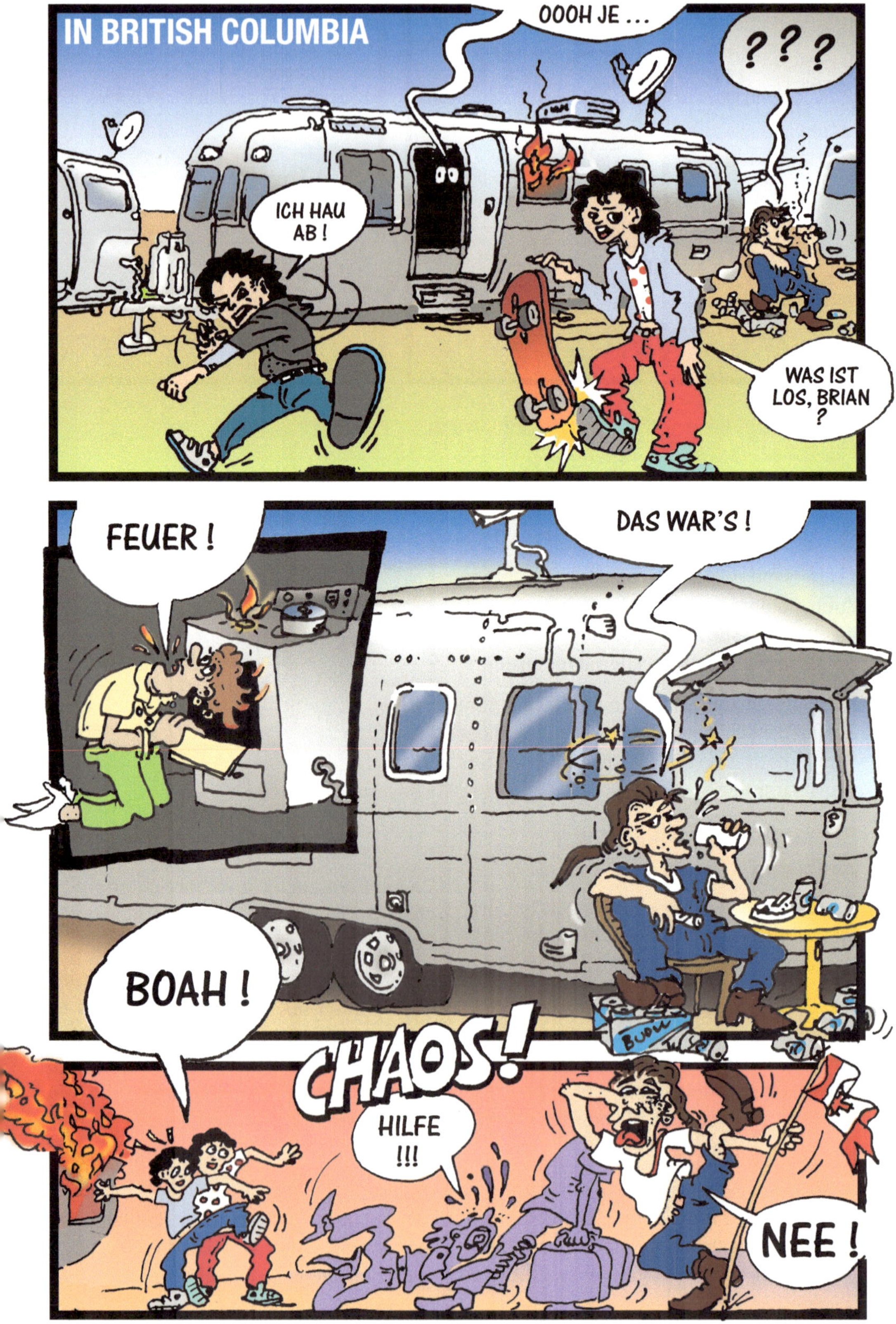

IN BRITISH COLUMBIA

FEUER !

DAS WAR'S !

BOAH !

CHAOS!

HILFE !!!

NEE !

Von all diesen Problemen der Familie Reimer war in Moneys wissenschaftlichen Fachpublikationen zu seinem Experiment nichts zu lesen.

Seine Berichte aus den 1970er-Jahren lobten das Experiment als Erfolg.

Insbesondere in seinem Buch »Männlich – weiblich. Die Entstehung der Geschlechtsunterschiede« beschäftigte er sich eingehend mit dem aus seiner Sicht gelungenen Versuch Bruce/Brenda.

RIESIGE ERLEICHTERUNG …

Im März 1980 konnten die Eltern das Geheimnis vor ihrer Tochter nicht mehr zurückhalten, das schlechte Gewissen war zu stark geworden. Die Tochter drohte, sich umzubringen, falls man sie noch einmal zu Dr. Money zur Untersuchung schicken sollte. Der Vater erzählte Brenda in der Auffahrt des Hauses, dass sie einst Bruce geheißen hatte. Für Brenda war das überraschenderweise eine riesige Erleichterung.

IN DER AUFFAHRT DES HAUSES

Nun schien alles einen Sinn zu ergeben.

Umgehend wollte Brenda wieder ein Junge sein. Er gab sich den Namen David.

Mit der Zurückwandlung waren die Probleme aber nicht gelöst.

CHAOTISCHE JAHRE FOLGEN ...

Die Pubertät war weiterhin eine Qual, an Geschlechtsverkehr vorerst nicht zu denken. Die Ärzte hatten ihm zwar operativ einen Penisersatz konstruiert, aber der reichte gerade zum Urinieren. Erst später, nach vielen weiteren Operationen, schlief er zum ersten Mal mit einer Frau.

Im Alter von 25 Jahren heiratete David. Er und seine Frau Jane zogen in ein Haus in Winnipeg.

Er arbeitete in den kommenden Jahren in einem Schlachthof und half mit, die drei unehelichen Kinder seiner Frau großzuziehen.

David hatte in diesen Jahren zum ersten Mal so etwas wie ein normales Leben.

Aber vergessen konnte David nicht und vergeben schon gar nicht.

Sein Schicksal holte ihn ein ...

Er verfiel immer wieder in tiefe Depressionen oder bekam Wutanfälle. Der Tod seines Zwillingsbruders Brian war ein einschneidendes Erlebnis. Er verlor seine Stelle im Schlachthof, finanzielle Probleme plagten ihn.

Anfang Mai 2004 sagte Jane zu ihrem Mann, dass es gut wäre, wenn sie eine Weile getrennt leben würden.

David war nun überzeugt, dass er seine Frau niemals würde glücklich machen können.

WINNIPEG …

DREI TAGE SPÄTER HOLTE DAVID SEINE SCHROTFLINTE HERVOR UND FUHR DAMIT AUF EINEN PARKPLATZ.

2004

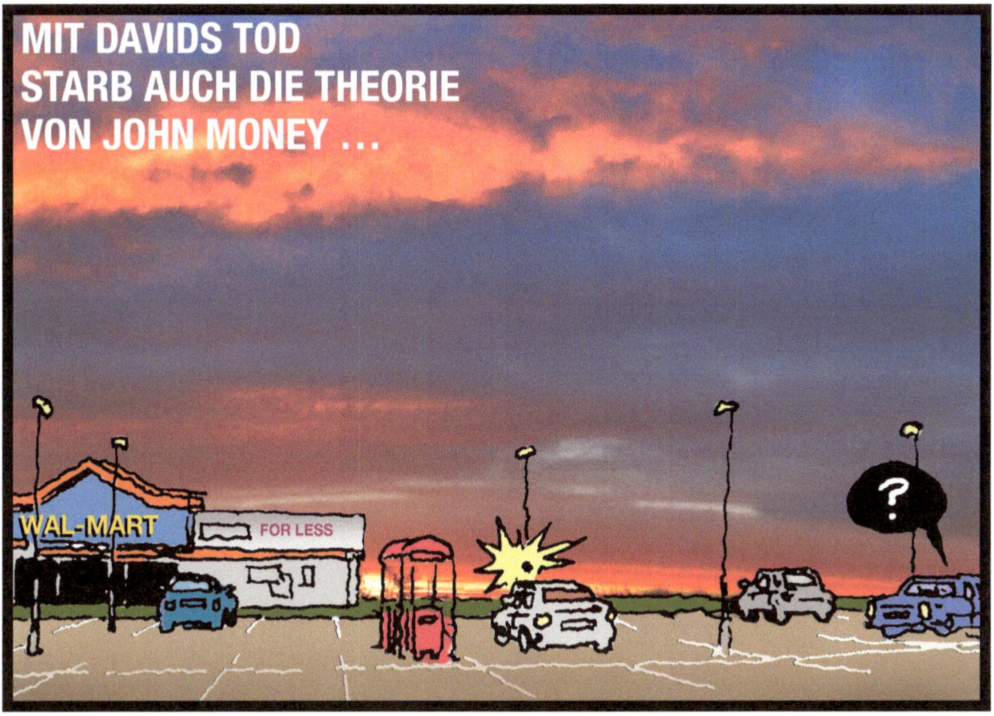

MIT DAVIDS TOD STARB AUCH DIE THEORIE VON JOHN MONEY …

Davids Mutter erklärte:

»Mein Sohn wäre noch am Leben, wenn er nicht das Opfer eines schrecklichen Experiments geworden wäre.«

John William Money (1921-2006) studierte Psychologie an der University of Pittsburgh und spezialisierte sich danach auf die Themen Geschlechteridentität und Geschlechterrollen. Er hat als einer der Ersten den Gender-Begriff eingeführt.

DIE STORY ...

John Colapinto, Journalist beim *Rolling Stone Magazin*, hat Davids Geschichte im Buch »Der Junge, der als Mädchen aufwuchs« erzählt.

Das Buch erschien im Jahre 2000, nachdem die beiden viele Stunden zusammengesessen und David ihm ausführlich seine Geschichte erzählt hatte.

Ein Monat nach Davids Tod

»Ich erhielt einen Anruf von David Reimers Vater, der mir erzählte, dass David tot war.

Ich war schockiert, aber ich kann nicht sagen, dass ich überrascht war. Jeder, der mit Davids Geschichte vertraut war, wusste, dass das wahre Rätsel darin bestand, wie er es geschafft hat, 38 Jahre lang am Leben zu bleiben, angesichts der physischen und mentalen Qualen, die er in seiner Kindheit erlitten hatte und die ihn bis an sein Lebensende verfolgten.«

John Colapinto

VOR BLÖDHEIT AUSSTERBEN? IQ?

ALS DER PSYCHOLOGE CYRIL BURT IM JAHRE 1971 IM ALTER VON 88 JAHREN STARB, GALT ER ALS PIONIER AUF DEM GEBIET DER VERHALTENSPSYCHOLOGIE.
NOCH AHNTE KEINER, DASS ES BURT MIT ZAHLEN MANCHMAL NICHT SO GENAU NAHM.

CYRIL BURTS FALL AUS DEM OLYMP

KOMMEN WIR BEREITS DUMM ODER INTELLIGENT AUF DIE WELT?

Zum Tod von Sir Cyril Burt packten seine Kollegen die ganz großen Worte aus: Als »Edelmann« wurde er bezeichnet, in der *Times of London* wurde er als »die führende Figur in England in der Anwendung der Psychologie« gelobt. Wie hatte sich Burt diesen Ruhm erarbeitet?

Burt, intellektuell brillant und überaus belesen, wurde vor allem aufgrund dreier wissenschaftlicher Studien bekannt. In diesen ging er der noch heute strittigen Frage nach: Werden wir als Dummköpfe oder Professoren geboren? Oder können wir durch fleißiges Lernen und ein gutes Umfeld intelligenter werden? Anders gefragt:

Wie stark ist der Einfluss der Gene auf die Intelligenz?

1955

Erste Daten dazu publizierte Burt im Jahre 1943, eine größere Studie erschien im Jahre 1955. Darin beschrieb er die Geschichte von

21 eineiigen Zwillingspaaren.

Eineiige Zwillinge haben exakt die gleichen Gene, was wiederum bedeutet: Falls Unterschiede in der Intelligenz bestehen, so müssen dafür Umweltfaktoren verantwortlich sein.

Daher konzentrierte sich Burt bei seinen Studien auf eineiige Zwillinge, die nicht im gleichen Haushalt, nicht in der gleichen Umwelt aufgewachsen waren. Die statistische Übereinstimmung zwischen den Intelligenzquotienten (IQ) dieser getrennt aufgewachsenen Zwillinge lag in Burts erster Studie bei hohen 77,1 Prozent.

1958

Bei Zwillingen, die gemeinsam aufgewachsen waren, stimmten die IQs sogar nahezu überein. Die Schlussfolgerung war klar.

Es sind vor allem die Gene, die unsere Intelligenz bestimmen.

Drei Jahre später publizierte Burt einen zweiten Bericht mit derselben Aussage, allerdings war die Beweislast nun erdrückender, da der neuen Studie bereits über **30 eineiige Zwillingspaare** zugrunde lagen.

1966

Eine dritte Studie umfasste **53 eineiige Zwillingspaare,** aber die Ergebnisse blieben stets gleich: Wieder lag die Übereinstimmung bei 77,1 Prozent – genau wie elf Jahre zuvor.

Niemand wagte es, Burts Zahlen anzuzweifeln, denn dieser war zu diesem Zeitpunkt bereits in den Olymp der Verhaltenspsychologen aufgestiegen. Seine Aussagen blieben unwidersprochen und eindeutig:

»WIR WERDEN CLEVER GEBOREN – ODER EBEN DUMM. UND BLEIBEN ES EIN LEBEN LANG.«

IN EINEM GENTLEMEN'S CLUB IN LONDON ...

Eine Aussage mit fatalen, gesellschaftlichen Folgen, denn sie wurde für vieles herangezogen – zum Beispiel, um zu erklären, warum Schwarze dümmer seien als Weiße oder Iren dümmer als Engländer.

Oder um erstmals wissenschaftlich zu beweisen, weshalb – pauschal betrachtet – Männer cleverer seien als Frauen und weshalb Slumkinder weniger intelligent seien als Kinder aus höheren Gesellschaftsschichten.

Sie hatten eben die dummen Gene ihrer Eltern geerbt. Entsprechend sei die Erziehung von Slumkindern eine Zeitverschwendung, denn wo keine entsprechende genetische Ausstattung ist, da besteht auch keine Möglichkeit auf Erfolg ...

Burts Daten hatten einen erheblichen Einfluss auf alle Schulstrukturen in England. Das Schulsystem wurde aufgrund seiner Erkenntnisse in drei qualitativ unterschiedliche Züge aufgeteilt.

Andere gingen noch weiter.

So machte der Stanford-Physikprofessor und Nobelpreisträger William B. Shockley den Vorschlag, dass sich Menschen mit einem Intelligenzquotienten von unter 100 gegen eine staatliche Prämie sterilisieren lassen sollten. Shockley befürchtete, dass das Ende der Menschheit nahen würde, da dumme Menschen mehr Kinder bekommen als Akademikereltern.

Wir würden vor Blödheit aussterben, so seine Sorge.

Aufsehen erregte Shockley unter anderem im Jahre 1980, als er in einem langen Interview im *Playboy* seine Ansichten verteidigte.

Dabei war zu diesem Zeitpunkt längst klar, dass mit Burts Zahlen etwas nicht stimmte.

1980 – INTERVIEW MIT WILLIAM B. SHOCKLEY

1972

LEON KAMIN

ERSTE ZWEIFEL ...

Kurz nach Burts Tod im Jahre 1971 kamen erste Zweifel an der Richtigkeit seiner Daten auf. 1972 las Leon Kamin, ein Psychologe der Universität Princeton, Burts Arbeiten zum ersten Mal. »Nach zehn Minuten lesen hatte ich den Verdacht, dass etwas nicht stimmte« erklärte er gegenüber der *New York Times*.

Kamin erkannte viele Unregelmäßigkeiten, methodische Fehler und das Weglassen von wichtigen Informationen, so wurde etwa das Alter der getesteten Personen nicht erwähnt.

Viele von Burts Referenzen verwiesen auf unveröffentlichtes Material, das somit nicht überprüfbar war. Und da Burt gewisse Aufzeichnungen verbrannt hatte, gab es keine Möglichkeit, seine Daten zu überprüfen.

Seltsam war vor allem, dass Burts Zahlen über Jahrzehnte hinweg stets exakt übereinstimmten, obwohl immer mehr neue Zwillingspaare dazukamen.

Zum gleichen Schluss kam auch Donald D. Dorfman, Psychologieprofessor an der Universität Iowa, der Burts Zahlen ebenfalls genau durchleuchtete. Burt habe stets dieselben, selbstkonstruierten Zahlen verwendet. Nur so lasse sich die Übereinstimmung erklären, so Dorfman.

Ein Artikel in der Zeitung *The Sunday Times* fünf Jahre später brachte den Stein richtig ins Rollen. Der Artikel berichtete über zwei Kolleginnen von Burt, Margaret Howard und Joan Conway, die in wichtigen Studien als Mitautorinnen erwähnt wurden und die fleißig Artikel in Fachjournalen geschrieben hatten. Hatte Burt die Damen erfunden? Jedenfalls blieben sie trotz intensiver Recherchen unauffindbar. Niemand unter Burts ehemaligen Kollegen und Studenten hatte die beiden Frauen je gesehen.

Ebenso fingiert waren vermutlich auch einige seiner 53 Zwillingspaare, denn mehrere Wissenschaftler bezweifelten, dass Burt tatsächlich derart viele Paare hatte ausfindig machen können. Und dann gab es da noch einen seltsamen Eintrag in Burts Tagebuch, wo er von »Daten berechnen« schreibt, was darauf hindeutet, dass die Daten nicht vorhanden waren.

Immer mehr Psychologen zweifelten nun an der Richtigkeit von Burts Daten und immer härter gingen seine Kritiker mit dem gefallenen König ins Gericht.

ROBERT JOYNSON VERTEIDIGT BURT IN SEINEM BUCH THE BURT AFFAIR

Leon Kamin erklärte, Burts Vorurteile gegen alle sozialen Schichten, außer der seinen, seien offensichtlich.

»Burts Arbeit war Schwindel mit politischer Absicht.«

Burts Betrügereien führten dazu, dass die ohnehin bereits umstrittenen Gebiete der Verhaltenspsychologie, Verhaltensgenetik und der Zwillingsforschung in ein noch schieferes Licht gerieten.

Noch viele Jahre später wurden Studien aus dieser Ecke stets mit Argwohn beobachtet.

DOCH KEIN BETRÜGER?

Wie so oft bei solchen Skandalen ist es aber im Nachhinein schwierig festzustellen, was absichtlich gefälscht und was einfach nur schlechte Wissenschaft ist. Burt hat noch einige Anhänger, die meinen, er habe vielleicht nachlässig, aber nicht absichtlich manipulierend gehandelt. Die Vorwürfe seien nicht abschließend bewiesen und es sei daher unfair, ihn als Ikone für wissenschaftlichen Betrug zu zeichnen.

Zu seinen Anhängern gehören unter anderem Robert Joynson und Ronald Fletcher.

DIE LETZTE DEBATTE …

Robert Joynson und Ronald Fletcher sind überzeugt, dass Burt seine Daten nicht erfunden hat, sondern dass er viele seiner Daten während des Zweiten Weltkriegs verloren und erst Jahre später wiedergefunden hat. Sie sind zudem überzeugt, dass es die beiden Autorinnen gab.

Weiter sei Burt bei der Publikation der dritten und am meisten umstrittenen Studie im Jahre 1966 bereits 83 Jahre alt und auch krank gewesen. Auch andere bekannte Wissenschaftler wie Newton, Kepler oder Mendel hätten ihre Daten »frisiert« und seien damit zu richtigen Schlussfolgerungen gelangt.

Der Streit über Burts Ab- und Ansichten besteht bis zum heutigen Tag – ebenso wie der Streit über den Einfluss der Gene auf die Intelligenz.

Die Frage ist noch nicht abschließend geklärt.

2007

lancierte Nobelpreisträger James D. Watson die letzte große Debatte.

Er erklärte in einem Interview, dass er für Afrika keine guten Aussichten sehe, weil die Sozialpolitik auf der Annahme beruhe, dass Afrikaner gleich intelligent seien wie Weiße, wenn doch alle Intelligenztests zeigen würden, »dass dem nicht so ist«.

Eine Woche später musste Watson aufgrund der weltweiten Kritik von seinem Posten als Kanzler des Forschungsinstituts Cold Spring Harbor zurücktreten.

NACH DER GEBURT GETRENNT, TREFFEN SICH DIE ZWILLINGE ZUFÄLLIG WIEDER …

ERSTER BRITISCHER PSYCHOLOGE MIT ADELSTITEL …

Cyril Burt (1883–1971) studierte Naturwissenschaft und Psychologie in Oxford und Würzburg. Später arbeitete er als Schulpsychologe und führte mit vielen Schülern Intelligenztests durch.

All diese Daten verarbeitete er in unzähligen Publikationen und Büchern.

1946 wurde er als erster britischer Psychologe mit dem Adelstitel ausgezeichnet und durfte sich fortan als »Sir Cyril Burt« bezeichnen.

Cyril Burt 1930

VON MANIPULIERTEN MÄUSEN UND MENSCHEN
FÄLSCHLICH · EINFÄLTIG · GENIAL · SKANDALÖS · UNRÜHMLICH · STARRSINNIG · TRAGISCH · UNVERSTÄNDLICH · UNGLAUBLICH · STARRKÖPFIG · TÖDLICH · CHAOTISCH · PEDANTISCH · MISSVERSTÄNDLICH · DÜMMLICH · HALSBRECHERISCH · VERWIRREND · KOMISCH · ZUKUNFTSORIENTIERT · TRAUMATISCH · DÄMLICH · SARKASTISCH · VERWERFLICH · UTOPISCH · ABARTIG · NAIV · BELEIDIGEND · WOHLWOLLEND · KINDLICH · ALTERTÜMLICH · HERZLICH · TÖDLICH · SARKASTISCH · ABARTIG · KOMISCH · KAUZIG · GIERIG …
#12 Wissenschaftsskandal
DER MÄUSE-BEMALER
BACK
PAH! ALLES FALSCHER ZAUBER!
RAUS HIER, EH!

SCHWINDELN WAR SO VIEL EINFACHER VOR 40 JAHREN. ALLES WAS ES DAZU BRAUCHTE, WAREN EIN SCHWARZER FILZSTIFT, WEISSE MÄUSE UND EIN SKRUPELLOSER CHARAKTER.

1974

WILLIAM SUMMERLIN

Der damals 35-jährige Forscher William Summerlin behauptete, er habe das Kunststück vollbracht, ein Stück Haut einer schwarzen Maus auf eine weiße Maus zu transplantieren.

Er habe also Haut zwischen zwei genetisch unterschiedlichen Mäusen übertragen – und zwar ohne Verwendung von Medikamenten zur Unterdrückung einer Immunantwort.

Klingt furchtbar simpel, ist es aber nicht, weshalb das Fachblatt *Science* ins Schwärmen geriet und schrieb, dass »ein bisher als unumstößlich geltendes Gesetz der Immunologie (...) offenbar eine entscheidende Lücke hat«.

Auf großes Echo stießen Summerlins Aussagen auch sonst in der Forschergemeinde, denn eine solche Transplantation war zuvor noch niemandem gelungen.

Die Methode hätte immense Auswirkungen gehabt auf Organ- und Hauttransplantationen, weil sie diese entscheidend vereinfacht hätte.

Damals mussten Menschen mit einem transplantierten Herzen ein Leben lang Medikamente einnehmen, welche die Abstoßungsreaktion des Körpers gegenüber dem neuen Organ unterdrückten.

Daran hat sich bis heute nicht viel geändert.

AUFGELÖST IM ALKOHOL ...

Das Problem war, dass Summerlin geschwindelt hatte.

Er hatte die schwarzen Flecken ganz einfach mit einem Stift aufgemalt.

Sein Schwindel war genial einfach, aber auch genial dumm, weil er sehr einfach zu entdecken war.

Ein wissenschaftlicher Mitarbeiter aus Summerlins Labor staunte nicht schlecht, als er bei einer Routineuntersuchung die schwarzen Flecken etwas genauer ansah. Als er mit etwas Alkohol über das Mäusefell strich, lösten sich die transplantierten Hautstücke plötzlich im Alkohol auf.

Der Aufschrei in der Wissenschaftsgemeinde war laut und weithin hörbar. Der Fall um den Mäusebemaler Summerlin war der erste Fall von Wissenschaftsbetrug in den USA nach dem Zweiten Weltkrieg, der für beträchtliches öffentliches Interesse sorgte.

Einige sprachen von einem »medizinischen Watergate«.

In den Sog des Skandals mit hineingezogen wurde auch Summerlins Vorgesetzter, Robert Good, Direktor des renommierten Krebsforschungsinstituts Sloan-Kettering in New York. Experten kritisierten, Good habe Summerlin zu wenig auf die Finger geschaut und seine spektakulären Resultate zu sehr propagiert und zu wenig hinterfragt.

Zudem habe er zu viel Druck auf Summerlin und die anderen jungen Forscher in seinem Institut ausgeübt.

Insbesondere den letzten Kritikpunkt bestätigte auch Summerlin selbst an einer von ihm einberufenen Pressekonferenz wenige Tage nach Auffliegen des Betrugs:

»Mein Fehler war nicht, dass ich bewusst falsche Daten verkündet habe«, meinte er. »Eher bin ich dem extremen Druck erlegen, welchen der Institutsdirektor auf mich ausgeübt hat, seit der Veröffentlichung der Resultate der Kaninchen.«

KANINCHEN?

Tatsächlich waren die Mäuse nicht die ersten Opfer von Summerlins Betrügereien gewesen.

1973

hatte Summerlin verkündet, dass er mehrfach menschliche Hornhaut in Kaninchenaugen verpflanzt habe, ohne dass die Tiere auf das fremde Gewebe mit Abstoßungsreaktionen reagiert hätten.

RRR... RR...

UND NU
???
AM MORGEN ...

MITTAGS IM INSTITUT ...
SENSATIONELL !!!

TAGE SPÄTER – RAPPORT BEIM CHEF ...
NICHT DOCH CHEF !
OUT...
SIE SIND IRRE, SUMMERLIN !
OH JEE.

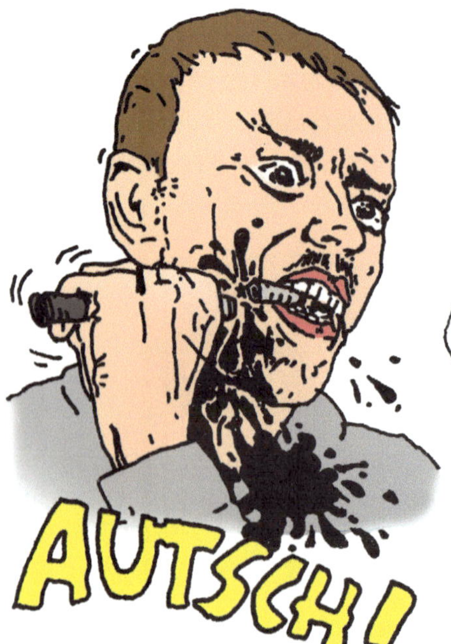
AUTSCH!

DER FLECK IST WEG !
... UND MEINE KAR-RIERE FUTSCH !
?

DIE COURAGE FEHLTE …

Allerdings konnte niemand Summerlins Experimente wiederholen.

Ein großer Skeptiker von Summerlins Ergebnissen war Sir Peter Medawar, der im wissenschaftlichen Beirat des Sloan-Kettering-Instituts saß – und nebenbei auch mit dem ganzen Gewicht eines Nobelpreisträgers sprach.

Medawar getraute sich jedoch nicht, Summerlin öffentlich als Betrüger hinzustellen, obwohl er seine Zweifel hatte.

Später erklärte Medawar, ihm habe schlicht und einfach »die Courage gefehlt«, um zu erklären, dass es sich um einen Schwindel gehandelt habe.

»In der Theorie ist es einfach, solche Dinge zu sagen, aber in der Praxis trampeln wissenschaftliche Leiter nicht gerne öffentlich auf ihren jungen Forschern herum.«

Trotz Medawars Schweigen war die Geschichte mit der Hornhauttransplantation der Anfang vom Ende von Summerlins wissenschaftlicher Karriere.

Je länger seine Ergebnisse nicht wiederholt werden konnten, desto größer wurde der Druck auf den jungen Forscher.

WIEDER IM GESPRÄCH – EIN LETZTES MAL …

Schließlich habe dieser Druck – so Summerlins spätere Erklärung – zu einer »physischen und mentalen Erschöpfung geführt«, zu chronischer Depression, zu Schlaf- und Essstörungen und das Ganze habe dann im »irrationalen Akt« des Mäuse-Anmalens geendet. In einem akut depressiven Zustand, nach einer schlaflosen Nacht auf dem Feldbett in seinem Labor und einem Frühstück um fünf Uhr morgens (mit Crêpes und Champagner), das die Sekretärin zubereitet hatte, habe er die Mäuse auf dem Weg zu Goods Büro geschwärzt.

»Es war eine nicht besonders durchdachte Sache«, erklärte der Forscher gegenüber der *New York Times*-Reporterin, »und es gab keinen Vorsatz.«

Er wollte sich mit der Aktion wieder ins Gespräch bringen. Dieses Ziel hatte er zweifelsohne erreicht.

Summerlin wurde, nachdem der ganze Skandal aufgeflogen war, sofort freigestellt. Sein Lohn wurde ihm noch ein Jahr weiter bezahlt, während er sich in psychiatrische Behandlung begab.

Der Präsident des Sloan-Kettering-Instituts schrieb in einer offiziellen Erklärung, dass der Forscher an einer »derartigen Gemütsverwirrung leidet, dass er für seine Handlungen und seine Darstellungen nicht voll verantwortlich war.«

Später zog sich Summerlin angeblich in ein kleines Städtchen in Louisiana zurück, wo er als Arzt arbeitete.

DAS GRÖSSTE PROBLEM …

Auch 40 Jahre nach William Summerlins vermeintlich spektaktulären Resultaten hat die Medizin noch keinen einfachen Weg entdeckt, um eine Organabstoßung zu verhindern.

Patienten müssen nach Organtransplantationen noch immer ihr Leben lang Medikamente einnehmen, um zu verhindern, dass das eigene Immunsystem das fremde Organ abstößt. Diese Medikamente gehen aber mit einer Reihe von schweren Nebenwirkungen einher, denn sie schwächen die Abwehr des Körpers auch gegenüber Krankheitserregern wie Bakterien, Viren oder Pilzen.

Die Patienten sind also besonders gefährdet gegenüber allen möglichen Erregern. Und sie haben auch ein höheres Risiko, an gewissen Krebsarten zu erkranken.

Viele Forschungsteams suchen daher nach Lösungen dieses größten Problems der Transplantationsmedizin. Eine Möglichkeit besteht darin, mit dem transplantierten Organ auch gleich einen Teil des Immunsystems des Spenders mitzutransplantieren.

Dies könnte mithilfe von Stammzellen funktionieren. Erste Versuche waren erfolgreich.

Vielleicht wird aber auch ein anderer Weg erfolgreich sein: die Produktion kompletter Organe im Labor. Diese können aus Zellen des Patienten hergestellt werden, sodass sie keine Abstoßungsreaktion hervorrufen – so die Hoffnung.

Ob sich diese erfüllen wird, wird sich wohl erst in 10, 20 Jahren zeigen.

DIE NASA SCHLAMPTE ...
EINIGE DER TECHNIKER, DIE DEN START DES SPACESHUTTLE »DISCOVERY« MITVERFOLGTEN, WUSSTEN SCHON DAMALS: BALD GIBT ES ÄRGER.
NASA
#13 Wissenschaftsskandal
EIN MENSCHLICHER FEHLER – 630 MILLIONEN $ TEUER
WE HAVE A PROBLEM!
FLOP, DANN TOP ?
AUFTRAG ERFÜLLT ?!

BALD GIBT ES ÄRGER ...

Cape Canaveral, April 1990. »Ten, nine, eight, seven, six, five, four, three, two, one« – Sekundenbruchteile später hob die »Discovery« ab und bohrte sich in den Himmel über Florida. Das Spaceshuttle trug auf diesem Flug ein besonders wertvolles Baby in seinem Bauch, eingepackt in Alufolie: das Hubble-Weltraumteleskop, das komplexeste Gerät, das Menschen bis dato ins All geschossen haben.

1990

Mit diesem Teleskop wollten die Wissenschaftler tief ins Universum hineinspähen, so tief wie noch kein Mensch zuvor. Im besten Fall wollten sie mit dem Wundergerät gar den Ursprung des Universums ergründen, Urfragen beantworten wie:

»Wie alt und wie groß ist unser Universum?«

Millionen von Menschen auf der ganzen Welt schauten gebannt auf die Fernsehbildschirme und verfolgten die Flugbahn des Raumschiffs. Auch einige Techniker der Firma Hughes Aircraft verfolgten den Start und kauten dabei an ihren Fingernägeln.

Die Techniker waren verantwortlich gewesen für den Bau des Primärspiegels, das Herzstück des Hubble-Teleskops. Dieser Spiegel sollte das Licht entferntester Galaxien einfangen. Das Nachrichtenmagazin *Spiegel* schrieb ehrfürchtig, dass der 2,4 Meter hohe Spiegel »ein noch nie dagewesenes Präzisionswerk« sei.

Über drei Jahre hätten die Techniker an dem Meisterwerk geschliffen.

Würde man den Spiegel auf die Größe des Golfs von Mexiko hochrechnen, die Unebenheiten des Glases lägen immer noch unterhalb der Millimetergrenze.

Dank dieser Präzisionsarbeit hätte das Sternenauge ein Zwei-Euro-Stück in 500 Kilometer Entfernung abbilden sollen. Das alles interessierte die Techniker von Hughes Aircraft nicht sonderlich. Sie wussten, dass es bald Ärger geben würde.

Die Mission verlief aber vorerst erfolgreich. Die Fahne des Raumschiffs verlor sich schließlich im All. Wenig später öffnete sich die Luke des Shuttles und das Hubble-Teleskop wurde ins All ausgesetzt.

Mehr als 40 Jahre nach der ersten Idee für ein solches Teleskop und zwölf Jahre nach Baubeginn war es so weit:

Eine neue Ära der Astronomie konnte beginnen.

Von hier oben, befreit von der störenden Atmosphäre der Erde, sollten Bilder unerreichter Schärfe entstehen. Wenig später nahm das Hubble-Teleskop seine Arbeit auf, nervös erwarteten die Nasa-Techniker im Goddard Space Flight Center die ersten Bilder aus dem All. Aber das Teleskop sorgte für eine riesige Enttäuschung:

Die Bilder waren verschwommen.

Das Sternenrohr startete unter einem schlechten Stern.

Die Fachleute machten sich umgehend an die Fehlersuche und kurze Zeit später wurde die Öffentlichkeit informiert, es handle sich um eine »sphärische Aberration«. Die Fehlersuche konzentrierte sich zunächst auf die Technik, auf Systeme und Komponenten. Bald weitete sie sich aber auf einzelne Personen aus.

Drei Monate später, im Juli 1990, erklärte Al Gore vor dem amerikanischen Senat, dass das Teleskop nicht richtig getestet worden sei, bevor man es ins All katapultiert hat. Al Gore war damals Vorsitzender des Senatsausschusses für Wissenschaft, Technologie und Raumfahrt und hatte sich nach den Problemen mit dem Teleskop ins Geschehen eingeschaltet. Er wollte wissen, was da schiefgelaufen war und die Antworten, die er von den Verantwortlichen erhielt, beruhigten ihn keinesfalls.

GODDARD SPACE FLIGHT CENTER IN GREENBELT

1990 AL GORE VOR DEM SENAT

Vor dem Senat erklärte Gore, dieses Teleskop sei das einzige Gerät seines Typs, das nicht auf der Erde erprobt worden sei, um sicher zu sein, dass die Linse auch funktioniert. Ein Test hätte das aktuelle Problem aber ziemlich sicher entlarven können. Viele Politiker, aber auch viele Astronomen reagierten mit Unverständnis.

Warum schießt man ein 1,5 Milliarden Dollar teures Gerät ins All, ohne absolut sicher zu sein, dass es auch funktioniert?

Vertreter von Hughes Aircraft entgegneten, dass ein solcher Test zu aufwändig und zu teuer gewesen wäre.

Doch Experten des amerikanischen Militärs konterten, dass das Militär über das entsprechende Testequipment verfügt hätte – um die eigenen Spionagesatelliten zu testen – und dass sie ihr Equipment der Nasa angeboten haben.

Diese habe aber abgelehnt.

SPIEGLEIN, SPIEGLEIN IM ALL …

Einige Tage später wurde die Situation noch ungemütlicher, als bekannt wurde, dass die Nasa über einen Ersatzspiegel verfügte, der rasch hätte eingebaut werden können, falls Probleme mit dem Originalspiegel aufgetreten wären. Allerdings war dies der Spiegel der Firma Kodak, einer Konkurrenzfirma von Hughes Aircraft.

Kodak hatte ursprünglich ebenfalls eine Offerte eingereicht, um das Hubble-Teleskop zu bauen, den Auftrag aber nicht erhalten.

Robert O'Dell, Astronom an der Rice-Universität, der in den späten 1970er-Jahren bis Mitte der 1980er-Jahre Chefwissenschaftler des Hubble-Teleskops gewesen war, sagte gegenüber der *New York Times*, er habe den Kodak-Spiegel favorisiert, denn dieser sei seiner Meinung nach der bessere gewesen, mit weniger Unebenheiten.

Die Leute von Hughes Aircraft hätten sich aber für ihren eigenen Spiegel entschieden.

»Die wollten nicht den Spiegel der anderen verwenden.«

Pikant ist zudem, dass die Firma Kodak im Gegensatz zur Konkurrenz in ihrer damaligen Offerte einen separaten Budgetposten »Schlusstest« aufgeführt hatte, der umfasste, das Teleskop nach dem Zusammenbau auf der Erde zu testen – genau das, was die Experten von Hughes Aircraft versäumt hatten.

Kostenpunkt: zehn Millionen Dollar.

TESTOBJEKT KODAK-SPIEGEL

DIE FEHLERSUCHE KONZENTRIERT SICH AUF DEN NULL-KORREKTOR …

All diese Enthüllungen trugen allerdings nichts zu einem schärferen Blick des Hubble-Teleskops bei, das weiterhin Hunderte von Kilometern über der Erde schielend seine Runden drehte.

Die Suche nach dem Fehler ging weiter. Wahrscheinlich, so vermuteten Experten, gebe es ein Problem mit dem Primärspiegel, insbesondere mit einer kleinen Komponenten namens »Null-Korrektor« , einem Messstab, der wichtig ist für die Justierung des Teleskops.

Der zu Unrecht in Ungnade gefallene Kodak-Spiegel erfüllte nun immerhin seinen Zweck, denn er wurde für Tests verwendet, um herauszufinden, warum das Teleskop schielte. Wenige Wochen später war das schuldige Teil gefunden – oder besser der Schuldige.

Es handelte sich um einen menschlichen Fehler: Die Techniker hatten die Linse des Null-Korrektors um 1,3 Millimeter falsch eingebaut.

1,3 Millimeter scheint nicht viel, aber es ist eine immense Abweichung, wenn es um ein derart komplexes optisches System wie das Hubble-Teleskop geht.

1,3 Millimeter führten dazu, dass ein 1,5 Milliarden Dollar teures Gerät nicht funktionierte.

Doch damit nicht genug. Zum menschlichen Fehler beim Zusammenbau kam noch schlampiges Qualitätsmanagement dazu. Das entdeckte ein US-Untersuchungsausschuss, der im November 1990 einen entsprechenden Bericht auf den Tisch legte.

Viele bei Hughes Aircraft hätten schon früh gewusst oder zumindest geahnt, dass es Probleme mit dem Spiegel geben würde.

Mindestens drei Warnsignale, die darauf hindeuteten, dass etwas nicht stimmte, hätten die Techniker übergangen, ohne zu reagieren, so der Bericht. Nicht ganz unbeteiligt sei aber auch die Nasa gewesen, welche die Produktion des Spiegels nicht eng genug überwacht habe und zum Beispiel keine Tests veranlasst habe.

Die Schuld am Misserfolg wurde hälftig auf Hughes Aircraft und die Nasa verteilt.

Al Gore sagte dazu: »Es ist kristallklar, dass die verschwommenen Bilder des Hubble-Teleskops die fehlende Qualitätskontrolle der Nasa reflektieren.« Das dicke Ende sollte aber erst noch kommen.

Es wurde nicht nur geschlampt, einiges wurde gar vertuscht.

Die Techniker bei Hughes Aircraft hatten die Nasa offenbar wissentlich nicht über Probleme mit dem Spiegel informiert. In einem Fall zum Beispiel wurden bei einem sogenannten Interferogramm, einer Aufnahme, die angefertigt wird, um die Ausgeglichenheit des Spiegels zu testen, absichtlich die Ränder abgeschnitten, um Unebenheiten zu verstecken. Nun schaltete die Nasa das amerikanische Justizministerium ein und reichte Klage gegen Hughes Aircraft ein. Die Firma stritt jedoch jegliche Schuld an dem Debakel ab, die Nasa sei stets über alle Baufortschritte informiert gewesen. Zudem habe die Firma Perkin-Elmer das Teleskop zusammengebaut und Hughes Aircraft, welche Perkin-Elmer kurz vor dem Start der »Discovery« übernommen hatte, könne daher nicht für vergangene Fehler belangt werden. Bei Perkin-Elmer wiederum wollte man davon nichts wissen. Sie hätten nichts mehr mit der Sache zu tun. Der in den folgenden Monaten bitter geführte Rechtsstreit endete damit, dass Hughes Aircraft zehn Millionen und Perkin-Elmer 15 Millionen Dollar an die Nasa zahlte.

Das Ende dieses Rechtsstreits war allerdings nicht das Ende der Probleme des Teleskops, die Pannenserie ging weiter: Plötzlich ließ sich das Teleskop nicht mehr zuverlässig auf ein Objekt ausrichten, weil das entsprechende Equipment ausgefallen war.

Die nächste Hiobsbotschaft war, dass die Sonnensegel ersetzt werden mussten, da dem Teleskop der Strom auszugehen drohte.

TEURES HAPPY END …

Diese Geschichte hat aber ein Happy End, ein teuer erkauftes. Im Dezember 1993, drei Jahre nach dem Hubble-Debakel, startete die Nasa eine Reparaturmission.

Diesmal flog die »Endeavour« zum Hubble-Teleskop, Astronauten stiegen fünf Tage hintereinander in ihre Raumanzüge und flickten das Teleskop im Orbit, eine durchaus gefährliche Mission, jeder Handgriff musste sitzen. Die Reparatur glückte.

IE
MISSION
REPAIR
UBBLE«
ST EIN
RFOLG

DAS BABY IST WIEDER O.K.!

Einige Fachleute bezeichneten diese Aktion daher als »die Mutter aller Reparaturen«.

Das galt auch für die Kosten: Die ganze Mission kostete 630 Millionen Dollar.

Die Astronauten flickten nicht nur den Primärspiegel, sondern ersetzten gleichzeitig die Sonnensegel, installierten eine verbesserte Planetenkamera sowie einen neuen Steuerungscomputer zur Lageregulierung des Sternenrohrs.

Alle Beteiligten leisteten ganze Arbeit. Das Hubble-Teleskop lieferte in der Folge ganz unglaubliche Bilder entfernter Sterne und Galaxien – die Bilder, die sich die Wissenschaft von Anfang an erträumt hatte. Mittlerweile hat das Riesenteleskop über 800 000 Bilder zur Erde gefunkt, viele Experten halten das Hubble-Teleskop heute für das wichtigste astronomische Instrument überhaupt.

Seine Bilder haben die Astronomie nachhaltig verändert.

DIE »ENDEAVOUR«-BESATZUNG IM ORBIT

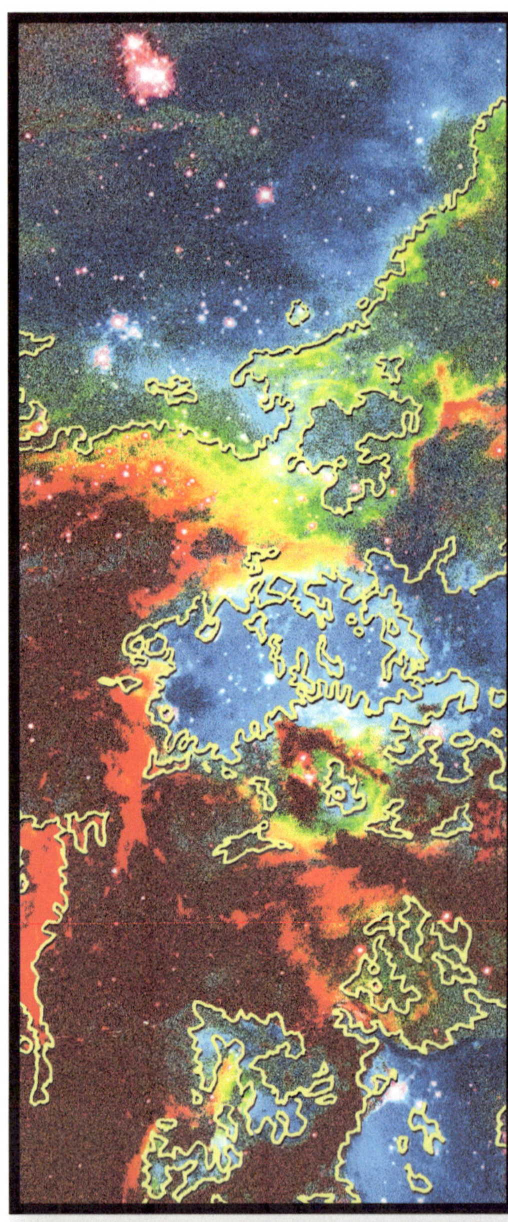

nach einem Originalfoto

SEIT 1993 HAT DAS HUBBLE-TELESKOP ÜBER

800 000

FANTASTISCHE BILDER ZUR ERDE GESENDET

VATER DER GENTHERAPIE

IM JANUAR UND FEBRUAR 2007 FAND IN LOS ANGELES EINE AUSSERGEWÖHNLICHE GERICHTSVERHANDLUNG STATT – EIN DRAMA UM EINEN WELTBEKANNTEN WISSENSCHAFTLER UND EIN MÄDCHEN.

ZU VIEL GEWOLLT UND TIEF GEFALLEN …

ERSTER AKT: DER ANGEKLAGTE

Angeklagt war ein gewisser William French Anderson, damals 70 Jahre alt, weltbekannter Forscher.

1990

William French Anderson hatte als erster Wissenschaftler ein vierjähriges Mädchen mit einer seltenen vererbten Immunerkrankung behandelt – nicht mit Medikamenten, sondern mit Genen.

Es war eines der ersten Experimente auf dem Gebiet der Gentherapie.

Viele namhafte Forscher bezweifeln heute zwar, dass das Experiment wirklich erfolgreich war. Anderson jedoch war von seinem Experiment überzeugt und bezeichnete sich als:

»Vater der Gentherapie«.

In den folgenden Jahren profilierte er sich als eifriger Befürworter der Gentherapie und brachte sein Renommee zum Blühen.

In seiner Karriere als Wissenschaftler erreichte er die enorme Zahl von 400 Fachpublikationen, er erhielt mehrere hohe Auszeichnungen. Im Jahre 1995 belegte er den zweiten Platz als »Mann des Jahres« im *Time*-Magazin. Anderson gründete und leitete das Gentherapielabor der University of Southern California (USC).

Zudem gilt er noch heute als einer der vier Köpfe, die hinter dem Humangenomprojekt standen, der herkulischen Aufgabe, das gesamte Erbgut des Menschen zu entziffern.

Neben seiner Forschung interessierte sich der Gentechforscher vor allem für die asiatische Kampfsportart Tae-Kwon-Do.

Nach jahrelangem Training band er sich für Wettkämpfe jeweils den schwarzen Gürtel um die Hüfte.

Alles lief für William French Anderson nach Plan. Bis zum 30. Juli 2004, dem Tag seiner Verhaftung.

ZWEITER AKT: DIE ANKLAGE

Klägerin war eine 19-jährige junge Frau. Sie behauptete, Anderson habe sie zwischen 1997 und 2001 mehrmals sexuell belästigt.

Damals, im Jahre 1997, war das Mädchen zehn Jahre alt gewesen, Anderson war 60. Die beiden kannten sich gut, denn er hatte das Mädchen jahrelang in Tae-Kwon-Do unterrichtet. Gemäß Anklage fanden die Übergriffe während dieser samstäglichen Lektionen in Andersons Haus in San Marino statt. Das Mädchen erzählte, sie habe sich erst einige Jahre nach den Vorfällen einem Schulpsychologen anvertrauen und die Geschichte erzählen können. Der Schulpsychologe benachrichtigte daraufhin die Polizei. Diese klingelte an Andersons Haustür.

Im Frühjahr 2007 kam es zum knapp vier Wochen dauernden Prozess.

Dort erzählte das Mädchen dem Richter, Anderson habe sie mit »medizinischen Untersuchungen« belästigt, sie Monat für Monat begrabscht und ihr erzählt, dass er sie liebe.

»Etwa vor drei Jahren wollte ich mich umbringen (...) Ich konnte nicht mehr mit meinem Schmerz leben und doch konnte ich der Welt die entsetzliche Wahrheit nicht erzählen.«

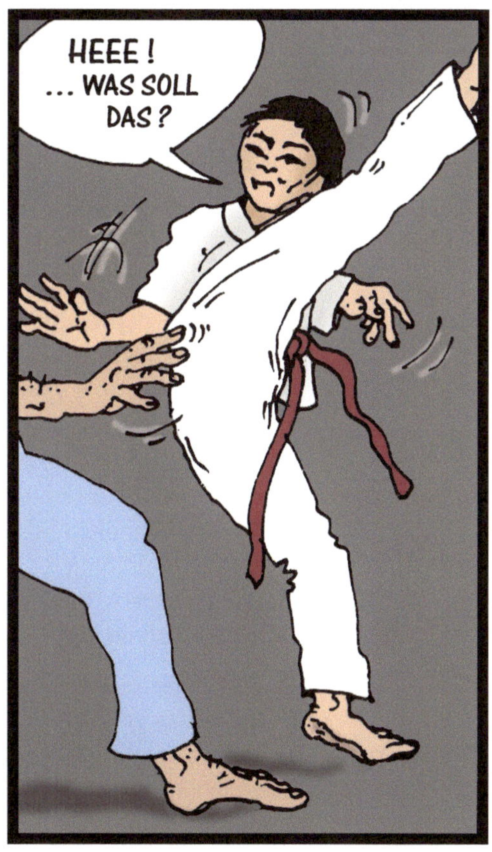

Die Strafverteidiger nannten das Mädchen verhaltensgestört. Als Folge des Erlebten fügte es sich selbst Schaden zu, schnitt und brannte sich.

Die Mutter des Mädchens, die als Wissenschaftlerin in Andersons Labor forschte, sagte, sie habe ihm vertraut und er habe dieses Vertrauen aufs Schändlichste ausgenutzt. Die Mutter erklärte vor Gericht:

»Das Leben besteht aus Erinnerungen. Wer will schon Erinnerungen voller Leid und Schmerz?«

BIBLIOTHEK IN SOUTH PASADENA

2004

Die Anwälte des Mädchens hatten einen Trumpf in der Hand.

Das Mädchen hatte Anderson mit den Vorwürfen des sexuellen Missbrauchs konfrontiert und das Gespräch heimlich aufgezeichnet.

Die Polizei hatte diesen Vorschlag gemacht. Das Mädchen wurde verwanzt, verabredete sich mit Anderson in einer Bibliothek und stellte ihn zur Rede.

Im Gericht wurde diese Aufnahme abgespielt, auf der man hörte, wie Anderson darauf reagierte:

»ICH HABE ES EINFACH GETAN, ETWAS IN MIR WAR BÖSE.«

und

»ICH WERDE DICH IMMER LIEBEN.«

DRITTER AKT: DIE VERTEIDIGUNG

Andersons Anwälte erklärten, ihr Mandant sei unschuldig. Auf die Tonaufnahmen angesprochen, meinten sie, Anderson habe die Vorwürfe falsch verstanden und gedacht, das Mädchen würde vom emotionalen Missbrauch sprechen, den er auf sie ausgeübt habe. Anderson habe immer nur das Beste gewollt.

Offensichtlich habe er zu viel gefordert und das Mädchen unter Druck gesetzt. Die Anwälte erklärten weiter, es stimme, dass ihr Mandant keine besonders guten sozialen Fähigkeiten habe.

Andersons Anwalt Barry Tarlow sagte:

»Einen Intelligenzquotienten von 176 zu haben, bedeutet nicht, ein gutes Urteilsvermögen zu haben.«

Aber beides sei nicht strafbar. Tarlow meinte weiter, sein Klient sei ein gütiger Mentor gewesen.

Anderson habe das Mädchen jahrelang begleitet, unter anderem zu Tae-Kwon-Do-Turnieren, wo sie beide Goldmedaillen in ihren Kategorien gewannen.

Er schenkte ihr ein Fahrrad und ließ ihre Freunde bei sich übernachten.

Schuld an der ganzen Sache sei die Mutter des Mädchens.

Sie wolle Anderson fertig machen. Ihre wahren Beweggründe seien ganz einfacher Natur:

Sie wolle die Leitung von Andersons Labor übernehmen.

Andersons Anwälte forderten daher für ihren Mandanten eine Freilassung auf Bewährung.

Anderson habe infolge der Anschuldigungen schon seinen guten Ruf, Millionen an Kautionszahlungen und zwei Professorentitel verloren.

Das Gefängnis wäre der falsche Ort für ihn, dort wäre er nur ein Ziel für Prügel durch die anderen Gefangenen, weil Sexualverbrecher bei Gefängnisinsassen den miesesten Ruf genießen. Oft müsse man solche Verbrecher in Einzelhaft stecken, um sie vor den Mitgefangenen zu schützen.

Die Anwälte meinten, Anderson würde der Gesellschaft besser dienen durch eine alternative Bestrafung: indem er weiterforsche, sozusagen zwangsweiterforsche.

»Es muss einen besseren Weg geben, als ihn einfach wegzustecken.«

VIERTER AKT: DAS URTEIL

Am Tag der Urteilsverkündung trug Anderson ein graues Sportjackett, ein weißes Hemd und schulterlanges weißes Haar. Richter Michael Pastor ergriff das Wort.

»Dr. Anderson ist brillant, welt- und wortgewandt und er ist ein Manager und Organisator, der es gewohnt ist, harte Entscheidungen zu treffen. Er traf bewusst die Entscheidung, sich wiederholt auf verwerflichste Weise zu benehmen«, erklärte er. »Man kann nicht stark genug betonen, welche Raffinesse Dr. Anderson an den Tag legte, um seine schändlichen Ziele zu verfolgen. Der Wissenschaftler hat sich ein perfektes Opfer ausgesucht, ein verletzliches, leicht zu beeindruckendes Kind, welches in einem fremden Land wohnte und Selbstverteidigung lernen wollte.«

Anderson habe keine Reue gezeigt und dem Mädchen E-Mails geschickt, in denen er es davor warnte, ihn zu verraten, denn das könnte großen Schmerz für ihre Familie bedeuten und seinen Selbstmord auslösen.

Der Richter sagte aber auch, er habe einige glühende Referenzen von prominenten Forscherkollegen erhalten, die sich für Anderson stark gemacht hatten. Darunter sei gar ein Nobelpreisträger gewesen. Er habe diese Referenzen zur Kenntnis genommen. Die prominente Unterstützung half jedoch nicht.

Das Urteil fiel hart aus:

14 JAHRE GEFÄNGNIS FÜR VIER FÄLLE VON UNZÜCHTIGEN UND LÜSTERNEN HANDLUNGEN AN EINEM MINDERJÄHRIGEN KIND.

Zudem musste er der Familie 52 000 Dollar zahlen als Schmerzensgeld und für vergangene sowie zukünftige Therapiekosten.

Anderson zeigte keine Reaktion, als das Urteil verlesen wurde. Er schaute starr geradeaus.

Seine Frau saß in der vordersten Reihe des Gerichtssaals, die Hände in den Schoß gelegt.

Andersons Anwälte versprachen, das Urteil weiterzuziehen, an das höchste Gericht im Lande. Sie würden nicht ruhen, bis Gerechtigkeit herrsche.

In der Folge zog Andersons Arbeitgeber, die University of Southern California (USC), die Konsequenzen:

Anderson verlor seinen Professorentitel und sein Labor.

Er darf den Campus nicht mehr betreten und er darf keine USC-Angestellten mehr kontaktieren.

WILLIAM FRENCH ANDERSON SITZT DERZEIT IM CALIFORNIA REHABILITATION CENTER IN NORCO.

ER SAGT, ER SEI UNSCHULDIG.

EPILOG

Anderson wurde nicht nur von dem Mädchen angeklagt, sondern auch von einer weiteren Person.

2005

Im Jahre 2005 erhob ein 34-jähriger Mann aus Maryland Vorwürfe gegen Anderson.

Er habe ihn als zwölfjähriges Kind belästigt, ebenfalls während Tae-Kwon-Do-Lektionen.

Die Zwischenfälle sollen sich zwischen 1983 und 1985 in Andersons Haus zugetragen haben. Anderson habe das Opfer mit alkoholischen Getränken »abgefüllt«.

Die Staatsanwälte in Maryland schlossen jedoch die Akten zu diesem Fall, bevor es zu einem Prozess kam.

Die Beweise seien unzulässig.

ILLEGALE ORGANENTNAHMEN

ANDREW O'LEARY STARB 1981 IM ALTER VON ELF MONATEN. ALS DIE ELTERN IHREN SOHN WENIG SPÄTER ZU GRABE TRUGEN, WUSSTEN SIE NICHT, DASS SIE NUR DIE HÜLLE IHRES SOHNES BEERDIGTEN. ÄRZTE DES KINDERKRANKENHAUSES ALDER HEY HATTEN ANDREW ZUVOR FAST ALLE ORGANE ENTNOMMEN.

NIE WIEDER

SCHLUSS MIT ORGAN KLAU!
STOP!
SKANDAL AM HEY-SPITAL!
SCHWEINEREI ...
... KAUM ZU GLAUBEN.
GEGEN DIE ILLEGALE ORGAN ENTNAHME !!!

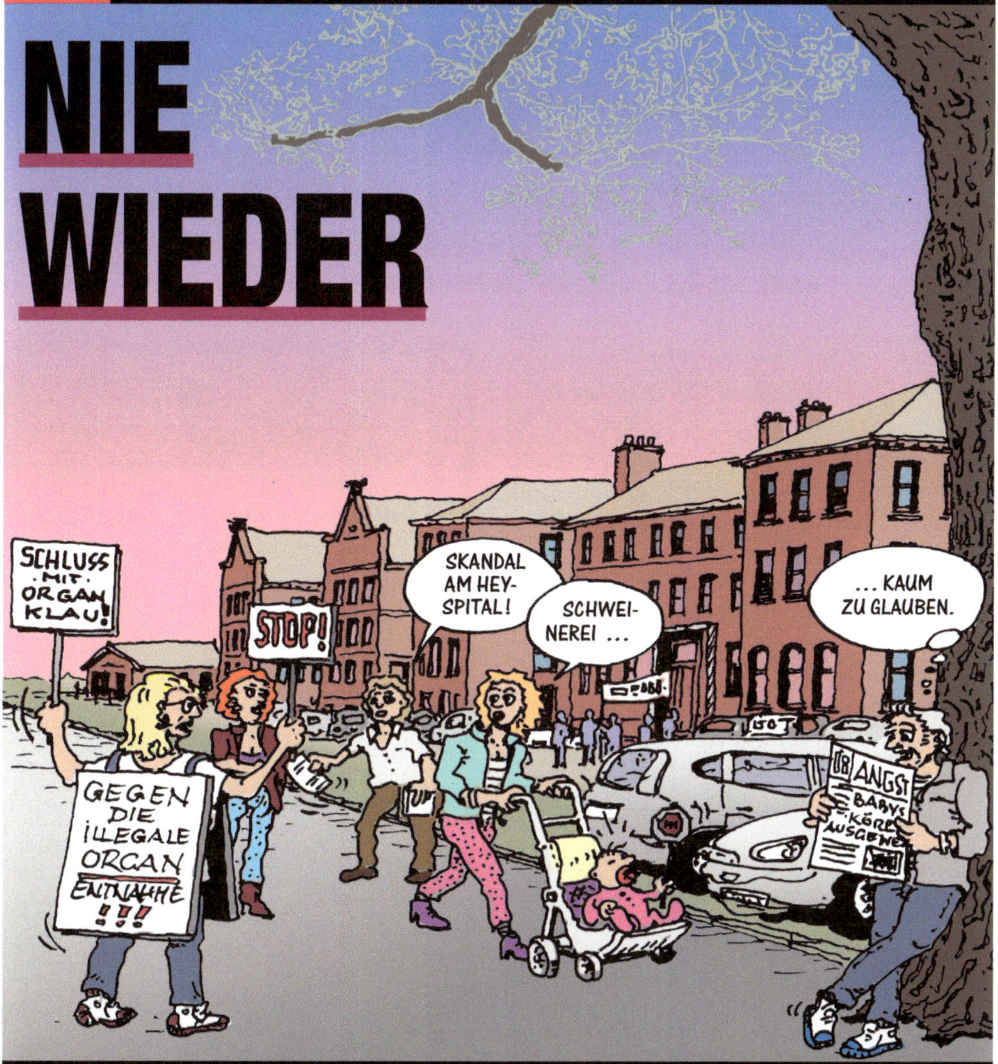

… SIE LEGTEN 36 KÖRPERTEILE MEINES BABYS AUF DEN TISCH

1999

ENTSETZENERREGENDE BERICHTE

18 Jahre nach Andrews Tod, las Paula O'Leary, Andrews Mutter, einen Zeitungsbericht über unerlaubt entnommene Herzen am Royal-Krankenhaus in Bristol. Ein Artikel, der die Mutter sofort beunruhigte.

Es beschlich sie das ungute Gefühl, dass etwas Ähnliches auch ihrem Kind passiert sein könnte. Sie kontaktierte daraufhin die Ärzte im Kinderkrankenhaus Alder Hey in Liverpool, um sich zu erkundigen, was damals mit dem Herzen ihres Sohnes geschehen sei.

So erfuhr sie, dass die Ärzte das Herz für medizinische Zwecke entnommen und all die Jahre aufbewahrt hatten.

Für Paula war klar: Dieses Herz gehört ins Grab des kleinen Andrew, aber die Verantwortlichen des Krankenhauses verweigerten die Herausgabe des Herzens.

Erst nach hartnäckigem Insistieren – aus Protest schlug Paula O'Leary ihr Zelt vor dem Krankenhaus auf – erhielt sie das Herz ihres Sohnes zurück.

Sie öffnete gemeinsam mit ihrer Familie Andrews Grab, um das Herz zu bestatten.

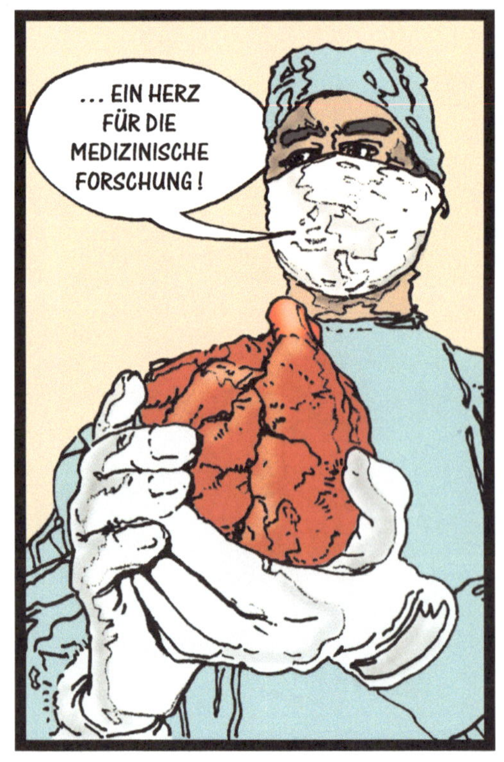

DER ALBTRAUM BEGINNT …

Doch dies war erst der Beginn des Albtraums. Wenig später tauchten weitere Körperteile von Andrew auf: Schädel, Gehirn, Leber, Nieren, Rückenmark, Gallenblase …

Insgesamt 36 Körperteile, alle in mit Formaldehyd gefüllten Gläsern oder in Wachsblöcken aufbewahrt.

Bauchspeichel- und Schilddrüse fehlten allerdings, sie waren in der Zwischenzeit verloren gegangen.

»Sie legten 36 Körperteile meines Babys auf den Tisch. Ich packte sie in einen Sack und rannte«, sagte Paula O'Leary später in einer Pressekonferenz.

Paula weigerte sich, Andrews Grab ein drittes Mal zu öffnen. Die 36 Körperteile sollen nun bei ihr oder ihrem Mann ins Grab gelegt werden.

2000

KIND VIERMAL BEERDIGT …

Der Fall O'Leary, so unglaublich er ist, ist nur einer von vielen. Nach und nach kam die in Formaldehyd eingelegte Wahrheit ans Licht.

Mediziner hatten jahrelang verstorbenen Kindern unerlaubt Organe entnommen – zu Forschungszwecken.

Manche Eltern beerdigten bis zu viermal die Körperteile ihrer verstorbenen Kinder.

Der Kinderorgan-Skandal war einer der größten in England an einem der größten Kinderkrankenhäuser und erschütterte das Vertrauen der britischen Öffentlichkeit in die Ärzteschaft nachhaltig.

Der Skandal breitete sich aus, nahm nach einiger Zeit herkulische Ausmaße an. Die allgemeine Empörung auf die ersten Organfunde im Alder-Hey-Krankenhaus führte dazu, dass immer mehr Ärzte zugaben, auch sie hätten ohne Wissen der Eltern Organe entnommen. Jahrelang gängige Praxis waren solche Entnahmen beispielsweise in Southampton, Leeds und im Hammersmith-Krankenhaus in London.

Die Regierung ordnete daher eine unabhängige Untersuchung an.

2001

wurde nach einjähriger Recherche der 640 Seiten umfassende Abschlussbericht, bekannt als

»Redfern-Bericht«,

veröffentlicht und sorgte für viel Wirbel.

Alan Milburn, der damalige britische Gesundheitsminister, präsentierte den »grotesken Bericht mit Abscheu«.

Im Alder Hey begannen Forscher im Jahre 1948 Organe zurückzuhalten, manchmal mit dem Einverständnis der Angehörigen, manchmal ohne.

Die Praxis nahm stark zu, als Professor Dick van Velzen im Jahre 1988 an das Spital berufen wurde. Van Velzen forschte dort bis ins Jahr 1995.

Er galt als eine Autorität im Bereich des plötzlichen Kindstods und war für viele Eltern Ansprechperson Nummer eins, wenn es darum ging zu erklären, warum ihr Baby so unverhofft verstorben war.

Doch die Eltern täuschten sich in ihm. Der »Redfern-Bericht« listete auf, dass der Pathologe über 800 toten Kindern unbefugt mehr als 2000 Organe entnommen hatte.

»Während seiner Arbeit in Liverpool machte sich Professor van Velzen folgender Aktivitäten schuldig«, hieß es in dem Bericht und es folgten 20 Punkte, darunter, »Professor van Velzen ordnete das unethische und illegale Entfernen aller Organe in allen Fällen einer Obduktion an«, er habe Obduktionsberichte, Arbeitszeitprotokolle und Forschungsanträge gefälscht, Eltern angelogen und medizinische Berichte gestohlen.

In einem Fall habe er das Verfassen eines Obduktionsberichts derart lange verzögert, dass eine genetische Erkrankung bei einem Kind so lange nicht bemerkt wurde, bis ein zweites Kind mit derselben Erkrankung auf die Welt kam.

Der Bericht enthüllte auch, dass der Professor den vollständigen Kopf eines Kindes aufbewahren ließ.

Der Satz »Professor van Velzen sollte nie mehr praktizieren dürfen« beendete die Liste.

Die Tatsache, dass Ärzte Organe zum Teil an pharmazeutische Firmen verkauft hatten, heizte die Empörung zusätzlich an.

PROFESSOR DICK VAN VELZEN

Bei Herzoperationen entfernte Thymusdrüsen wurden vom Alder Hey und einer Kinderklinik in Birmingham für rund zwölf Franken pro Drüse an die Firma Aventis Pasteur verkauft. Die meisten der Organe blieben jedoch all die Jahre über unberührt.

Van Velzen war nicht der Einzige, der im »Redfern-Bericht« kritisiert wurde. Auch verschiedene Verantwortliche des Krankenhauses wurden schwer belastet. Sie hätten dem Pathologen besser auf die Finger schauen müssen. Und der zuständige Leichenbeschauer von Liverpool, Roy Barter, glänzte gemäß Bericht vor allem durch seine Laschheit.

»Der Schmerz, der diesen Eltern durch die schrecklichen Ereignisse entstanden ist, ist unverzeihlich«, hielt der Bericht fest.

Vier Kaderleute des Alder Hey mussten kurz nach Veröffentlichung des Berichts den Hut nehmen.

ZUM WOHLE DER FORSCHUNG …

Wenige Tage nach der Publikation des »Redfern-Berichts« wurde vorgeschlagen, van Velzen die ärztliche Zulassung zu entziehen. Van Velzen, der sich später in Kanada ähnlicher Vergehen schuldig machte, ließ über seinen Anwalt verlauten, er habe nichts Unrechtes getan. Er habe die Organe zum Wohle der Forschung aufbewahrt.

Dem »Redfern-Bericht« folgte ein zweiter Bericht, verfasst vom staatlichen Gesundheitsbeauftragten Liam Donaldson. Dieser Bericht bezifferte erstmals das Ausmaß des Grauens: In britischen Krankenhäusern und Universitätskliniken würden mehr als 100 000 Herzen, Gehirne, Lungen und andere Organe von Verstorbenen zum Teil ohne Wissen der Angehörigen aufbewahrt.

Der Skandal brachte in England und auch in vielen anderen Ländern einiges in Gang, zum Beispiel eine Neuregelung bei Organentnahmen.

Heute dürfen Organe nur noch mit der ausdrücklichen Erlaubnis der Angehörigen verwendet werden (*informed consent*).

Dies wurde in England in einem entsprechenden Gesetz verankert. Im Jahre 2003 wurde zudem zwischen dem Spital und den betroffenen Familien eine außergerichtliche Vereinbarung getroffen, welche die Eltern für jedes verstorbene Baby mit 5000 Pfund entschädigte.

Weniger erfolgreich bei der Bewältigung des Vorfalls zeigte sich die britische Staatsanwaltschaft: Sie gab nach einer mehr als zweijährigen Untersuchung bekannt, Professor van Velzen nicht strafrechtlich zu verfolgen – obwohl der »Redfern-Bericht« eine lange Liste strafrechtlich relevanter Ereignisse auflistete.

Das Problem bestand darin, dass es keine Garantie dafür gab, dass die Organe, die in den Behältern aufbewahrt wurden, auch tatsächlich diejenigen waren, die bei den Obduktionen entnommen worden waren. Der zuständige Staatsanwalt Christopher Enzor erklärte in einer Medienmitteilung: »Dies war besonders problematisch, weil wir in jeder Strafverfolgung ohne jeden Zweifel beweisen müssen, dass es sich um das richtige Organ handelt.« Mit anderen Worten: ohne sicher zuzuordnende Leichenteile keine Strafverfolgung.

Van Velzen kam somit glimpflich davon, das Gefängnis blieb ihm erspart, seine ärztliche Zulassung bekam er allerdings nicht zurück.

NAMENLOSE BABYS IN EICHENSÄRGEN …

Am 5. August

2004

um elf Uhr morgens, begann der Anfang vom Ende dieser tragischen Geschichte.

In einem speziell dafür vorgesehenen Babygarten des Allerton-Friedhofs in Liverpool wurden die ersten 50 namenlosen Babys und Leichenteile beerdigt. Es waren Babys, die übriggeblieben waren. Aufgrund der schlampigen Kennzeichnung in den Krankenhäusern konnte ihnen kein Name mehr zugeordnet werden.

Sieben stammten aus dem Alder Hey, die restlichen aus anderen Krankenhäusern in England. Mitglieder von betroffenen Familien, die sich in Selbsthilfegruppen zusammengeschlossen hatten, wohnten den Beerdigungen der Namenlosen bei. Für die nächsten Monate wiederholte sich dieses Trauerritual Donnerstag für Donnerstag.

Alle Babys wurden in kleinen Eichensärgen beerdigt – insgesamt über 1000 nicht identifizierte Körper.

Ein knappes Jahr später wurde auf dem Allerton-Friedhof ein Gottesdienst im Babygarten abgehalten, um einen Gedenkstein einzuweihen. Michael Redfern, der den entsprechenden Bericht verfasst hatte, enthüllte den Stein, auf dem ganz unten zwei Wörter eingemeißelt sind.

»NIE WIEDER«

LETALE GOLDGRÄBERSTIMMUNG
AM 13. SEPTEMBER 1999 BETRITT DER 18-JÄHRIGE JESSE GELSINGER DAS INSTITUT FÜR HUMAN-GENTHERAPIE DER UNIVERSITÄT VON PENNSYLVANIA. ER HOFFT, HIER DAS ENDE FÜR SEINE KRANKHEIT ZU FINDEN. ER FINDET SEIN UNGLÜCK!
#16 Wissenschaftsskandal
WAS JESSE NICHT WEISS
ICH WERDE KÄMPFEN!
38 BILLIONEN ADENOVIREN!

Jesse Gelsinger leidet seit seiner Geburt an einer sehr seltenen Stoffwechselkrankheit namens OTC-Mangel (OTC steht für den Zungenbrecher Ornithintranscarbamylase). Aufgrund eines Gendefekts steigt der Ammoniakspiegel in seinem Körper, unter Umständen bis der Junge ins Koma fällt; im schlimmsten Fall kann das tödlich enden.

Jesse muss deshalb seit seiner Kindheit beim Essen so weit wie möglich auf Eiweiße verzichten und Tabletten schlucken – im Alter von 16 Jahren sind es täglich mehr als 50 Tabletten, um seine Krankheit zu bändigen.

Die Ärzte des Instituts für Human-Gentherapie hatten Jesse erzählt, dass sie ihm vielleicht helfen können, indem sie das Gen, das in seinen Körperzellen nicht richtig funktioniert, durch ein funktionierendes Gen ersetzen.

Gentherapie heißt die Methode.

Jesse will unbedingt an diesem Versuch teilnehmen.

Er will es für sich tun, aber auch für all die Babys, die an der gleichen Krankheit leiden wie er und die aufgrund des neuen Verfahrens vielleicht eines Tages geheilt werden könnten.

OHNE WIRKUNG UND OHNE NEBENWIRKUNG ...

TAG EINS: 13. SEPTEMBER

Nun liegt Jesse auf einem Krankenbett des Instituts. Ein Arzt setzt ihm die lang erhoffte Spritze in die (Leber-)Pfortader. Jesse weiß, dass sich die Gentherapie bislang als ziemlich wirkungslos entpuppt hat. Aber zumindest gilt sie als sicher.

Seit dem ersten Gentherapieversuch vor neun Jahren wurden in 300 Studien 3000 Patienten behandelt: meist ohne Wirkung, aber auch ohne Nebenwirkung. Er weiß, dass er nach der Behandlung nicht geheilt sein wird.

Es geht den Ärzten eher darum, das Verfahren zu verfeinern als eine Wirkung zu erzielen.

Aber wer weiß? Vielleicht funktioniert es ja gerade bei ihm.

Vieles weiß Jesse jedoch nicht. Zum Beispiel, dass es wenige Tage zuvor bei zwei anderen Patienten, die an der gleichen Studie teilnahmen, zu Komplikationen wie hohem Fieber und Leberentzündungen gekommen ist.

Die Probanden mit den Nummern 10 und 12 hatten nach dem Gentherapieversuch derart erhöhte Ammoniakwerte, dass der gesamte Versuch eigentlich gestoppt werden müsste. Doch der Versuch läuft weiter. Bald ist Jesse an der Reihe.

Jesse weiß nicht, dass er am Versuch eigentlich gar nicht teilnehmen dürfte, denn er leidet unter einer eigentlich milden Form von OTC-Mangel.

Trotzdem liegen seine Blutwerte kurz vor Versuchsbeginn deutlich über dem zulässigen Wert, er hat zu viel Ammoniak im Blut.

Jesse weiß nicht, dass die Gabe der Viren per Pfortader gemäß Studienprotokoll gar nicht vorgesehen ist. Und Jesse weiß auch nicht, dass die Ärzte das Verfahren, das sie nun an ihm probieren, zuvor an Affen getestet haben und dass dabei Affen starben. Eigentlich müssten die Forscher die Probanden auf diese Tatsache hinweisen, denn die amerikanische Gesundheitsbehörde schreibt dies vor.

Die Forscher hatten die Information über die toten Affen jedoch aus der Patienteninformation entfernt, bevor sie Jesse das Dokument zur Unterschrift vorgelegt haben.

Jesse weiß auch nicht, dass James Wilson, der Forscher, der diese OTC-Studie leitet, ein renommierter Arzt und Direktor dieses größten amerikanischen Gentherapiezentrums, an einer Biotechfirma beteiligt ist, die auf die Karte Gentherapie setzt.

Ziel der Firma ist es, die Gentherapie möglichst erfolgreich einzusetzen.

Jesse hat also keine Ahnung, dass James Wilson auch ein finanzielles Interesse am Erfolg des Versuchs hat.

JESSE IM KRANKENBETT DES INSTITUTS. DRAUSSEN IST EIN STURM IM ANZUG, HURRIKAN FLOYD SCHICKT ERSTE DUNKLE WOLKEN.

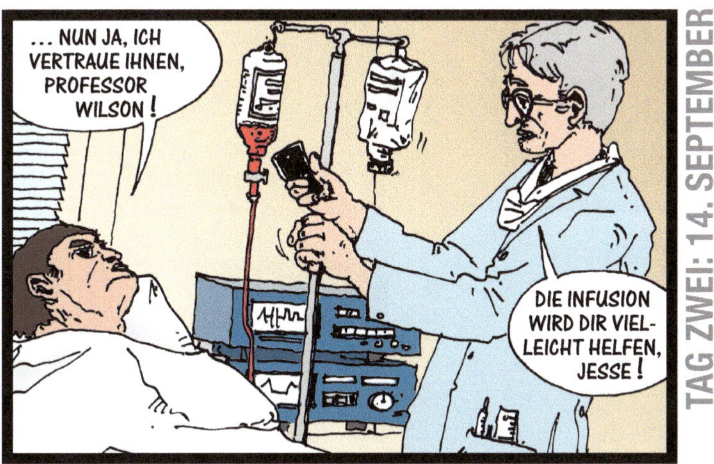

TAG ZWEI: 14. SEPTEMBER

TAG DREI: 15. SEPTEMBER 1999

Drinnen dauert die Behandlung zwei Stunden, während derer die Ärzte Jesse gentechnisch veränderte Viren in die Leber schießen, um Jesses Stoffwechselstörung zu korrigieren.

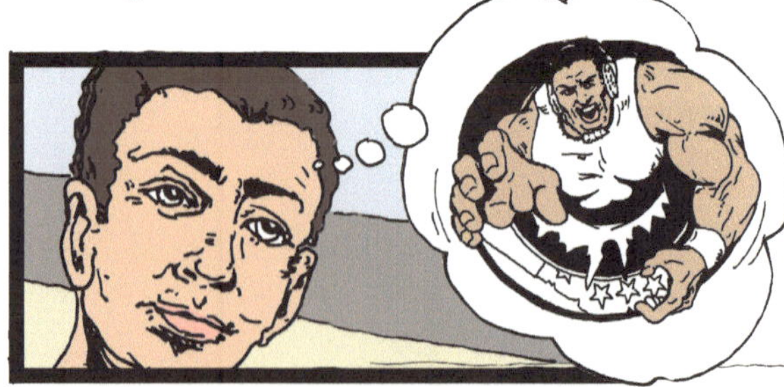

Jesse träumt wohl von Wrestlingkämpfen und seinem neuen Motorrad, das er seit einem Monat besitzt.

Die zuvor unschädlich gemachten Viren funktionieren in diesem Experiment wie ein Taxi: Sie bringen das Medikament, die funktionierende Genvariante, an den richtigen Ort, in Jesses Fall in die Leber.

Jesse erhält eine riesige Menge: 38 Billionen Viren.

Dann aber weichen die Viren vom Protokoll ab: Statt dass sie nur die Leber infizieren, breiten sie sich rasch im ganzen Körper aus. Statt zu heilen, richten sie Zerstörung an. Jesses Immunsystem wird mit dem Angriff nicht fertig, er erleidet einen septischen Schock.

Am darauffolgenden Tag fällt Jesse ins Koma, die Leber versagt, dann die Lunge, die Milz, die Nieren.

Jesses Familie wird benachrichtigt. Der Vater nimmt das nächste Flugzeug, rennt in den Operationssaal und versucht seinen Sohn aus dem Koma zu wecken. Nichts.

Die Ärzte fragen den Vater, ob er einen Pfarrer wünscht.

DRAUSSEN WÜTET IMMER NOCH HURRIKAN FLOYD, IM KRANKENZIMMER TRITT STILLE EIN.

Schließlich liegt Jesse tot auf einem Krankenbett des Instituts.

Jesse wurde nur 18 Jahre alt!

Der Vater steht daneben und sagt: »Jesse war ein Held.«

HATTE MAN ZU SCHNELL ZU VIEL GEWOLLT?

James Wilson, der später vor einem Ausschuss erklären muss, was passiert ist, spekuliert, die Viren hätten im Blut bestimmte Botenstoffe aktiviert und damit eine fatale Kettenreaktion im Immunsystem ausgelöst.

Tatsächlich stellt sich im Laufe der Ermittlungen heraus, dass das Virustaxi ein Protein enthielt, das eine fatale Überreaktion des Immunsystems hervorrufen kann.

Zudem haben die Forscher das Virus falsch, viel zu hoch, dosiert.

Was im Detail zu Jesses Tod geführt hat, wissen die Forscher noch heute nicht.

Die amerikanische Gesundheitsbehörde und auch andere Behörden weltweit reagieren umgehend auf Jesses Tod und stoppen alle ähnlich gelagerten Gentherapieversuche.

James Wilson muss im Ausschuss harte Kritik einstecken: Hatte man zu früh angefangen mit Versuchen am Menschen?

Hätte man die Gentherapie zunächst nicht auf Fälle konzentrieren sollen, bei denen alle anderen Behandlungen versagt haben? Hatte man zu schnell zu viel gewollt?

Wilson bekommt aber auch Rückendeckung:

Etwa von Gentherapiepionier William French Anderson, einem amerikanischen Forscher, der im Jahre 1990 das erste Mal die Gentherapie angewendet hatte.

Anderson meint, Wilson seien »unentschuldbare Fehler« unterlaufen, aber man dürfe deshalb das Ziel nicht aus den Augen verlieren.

Kurz nach Jesses Tod tauchen in der amerikanischen Presse sechs weitere Namen von Patienten auf, die angeblich während einer Gentherapie verstorben sind. Bei vier Todesfällen gaben die verantwortlichen Forscher zwar an, dass die Patienten nicht an den Folgen der Gentherapie gestorben sind, können dies aber durch die Autopsie nicht untermauern.

Die aufgeschreckte amerikanische Gesundheitsbehörde leitet eine Untersuchung ein.

Es stellt sich heraus, dass Zwischenfälle in Gentherapiestudien systematisch verschwiegen wurden:

691 schwere Nebenwirkungen gab es allein im Verlauf von rund 100 Studien mit Adenoviren.

Nur 39 Zwischenfälle wurden den Behörden gemeldet und waren damit öffentlich zugänglich.

Alle anderen Zwischenfälle wurden als Geschäftsgeheimnisse taxiert, was bedeutet, dass Behörden darüber zu schweigen hatten. Viele Investoren ziehen sich daraufhin aus dem Forschungsgebiet der Gentherapie zurück.

Ein Jahr später verklagt Jesses Vater die Universität von Pennsylvania.

Lange hatte der Vater an die Unschuld der Ärzte geglaubt, sie verteidigt, gedacht, es habe sich um eine nicht vorhersehbare Nebenwirkung gehandelt.

Doch aufgrund der vorliegenden Fakten wirft der Vater der Universität und den verantwortlichen Ärzten vor, die Risiken des Experiments absichtlich heruntergespielt zu haben.

2005

Im Februar 2005 wird eine Einigung zwischen den Parteien erzielt und Wilson bestraft.

Wilson werden mehrere gravierende Beschränkungen für seine weitere Forschungstätigkeit auferlegt. Fünf Jahre lang erhält er keine staatlichen Forschungsgelder für die Durchführung klinischer Versuche. Danach werden seine Gesuche eng und streng überwacht und nur gewährt, solange er sich im Bereich klinischer Forschung einer Weiterbildung unterzieht.

Zwei weitere Forscher, die ebenfalls an der OTC-Studie beteiligt waren, erhalten ähnliche, aber weniger schwerwiegende Beschränkungen. Alle drei behaupten weiterhin, dass ihr Verhalten jederzeit legal gewesen sei.

James Wilson forscht immer noch im Bereich der Gentherapie.

Er hat aber seit Januar 2000 keine klinischen Versuche mit Patienten mehr durchgeführt. Den Posten als Direktor des Instituts für Human-Gentherapie musste er abgeben.

Heute gilt als sicher, dass Jesse Gelsinger nicht an der Gentherapie gestorben ist, sondern aufgrund eines Versagens der Ärzte.

EINE ENTSCHULDIGUNG VON SEITEN DER ÄRZTE HAT DER VATER NIE ERHALTEN.

NEBENWIRKUNG: BLUTKREBS …

Die Gentherapieforschung hat seit Jesse Gelsinger ein Ab und zuletzt ein Auf erlebt.

Kurze Zeit nach dem Todesfall berichtet ein französisches Forscherteam um Alain Fischer, sie hätten Kinder, die an SCID (schwerem kombiniertem Immundefekt) litten, mittels Gentherapie geheilt.

SCID-Kinder leiden an einem Gendefekt, der dazu führt, dass die Kinder kein Immunsystem aufbauen können. Sie sind Bakterien und Viren daher hilflos ausgeliefert und müssen ein Leben in keimfreier Luft verbringen. Trotzdem sterben sie meist früh.

Nach der Therapie sind die Kinder tatsächlich geheilt, sie können innerhalb kurzer Zeit ihr keimfreies Zeltgefängnis verlassen.

Fischer wird bejubelt. Zwei Jahre später stellt sich jedoch heraus, dass drei der insgesamt 18 geheilten Kinder an Krebs erkrankt sind; ein Kind stirbt in der Folge an Blutkrebs.

2006

wendet ein 27-köpfiges Forschungsteam aus Frankfurt, Heidelberg und Zürich die Gentherapie bei schwerkranken Patienten mit septischer Granulomatose an, einer sehr seltenen Störung des Immunsystems.

Ohne Behandlung sterben solche Patienten meist noch vor dem 25. Lebensjahr.

Im Allgemeinen kann nur eine Blutstammzelltransplantation solche Patienten heilen, aber nicht bei allen Patienten finden die Ärzte einen geeigneten Spender. Dann kann nur noch die Gentherapie weiterhelfen.

So auch bei einem vierjährigen Jungen, dessen Lunge von einem Pilz befallen ist. Die Gentherapie schenkt ihm neue Immunzellen und das Leben.

2012

Die erste Gentherapiebehandlung wird von der europäischen Arzneimittelbehörde EMA bewilligt. Ein Wirkstoff gegen eine schwere Bauchspeichelentzündung.

Sandro Rusconi, Professor für Biochemie an der Universität Freiburg und Experte für Gentherapie, sagt rückblickend über den Fall Gelsinger:

»Dies ist ein medizinischer Skandal, bei dem die Grundprinzipien der Medizin verletzt wurden. Mit der Gentherapie hat das eigentlich nichts zu tun.«

Die Gentherapie sei zu früh in Richtung klinische Versuche mit Patienten gedrückt worden. Es sei zu viel Geld und zu viel wirtschaftliches Interesse im Spiel gewesen.

Diese Goldgräberstimmung habe dazu geführt, dass viele Trittbrettfahrer aufgesprungen seien, die mit diesem Gebiet eigentlich nichts zu tun hatten. Ihnen fehlten die nötige Kompetenz und Vorbereitung.

Der Fall Gelsinger zeigt, welche Interessenkonflikte in der klinischen Forschung auftreten können – zum Teil auch heute noch.

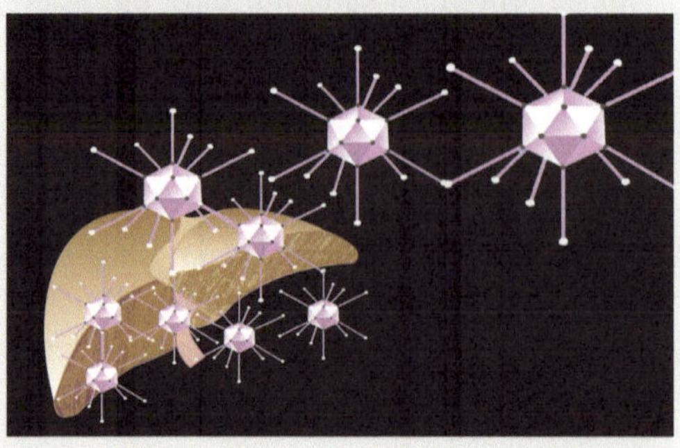

DER VERSUCHUNG ERLEGEN

IN JAPAN IST ARCHÄOLOGIE POPULÄRER ALS IN VIELEN ANDEREN LÄNDERN. ZEITSCHRIFTEN BERICHTEN AUSFÜHRLICH ÜBER DIE NEUESTEN DURCHBRÜCHE, NEUE FUNDE SCHAFFEN ES OFT AUF DIE TITELSEITEN DER ZEITUNGEN. SHIN'ICHI FUJIMURA WAR DER STAR UNTER NIPPONS AMATEUR-ARCHÄOLOGEN, DIE JAPANISCHE VERSION VON INDIANA JONES – MIT UNGEAHNTEN QUALITÄTEN.

#17 Wissenschaftsskandal

WIE GOTTES HAND BETROG

KAMI NO TE

FUJIMURA BEREITET SICH VOR …

GLEICHER ORT, TAGE SPÄTER …

DIE FACHPRESSE IST VON DEN FUNDEN BEGEISTERT

SHIN'ICHI FUJIMURA WAR EIN STAR …

Über einen Zeitraum von fast 20 Jahren grub Shin'ichi Fujimura regelmäßig sensationelle Funde aus, die in ihrer Gesamtheit ein neues Bild der Frühgeschichte Japans vermittelten.

Seine Funde bewiesen, dass die Besiedlung Japans nicht vor 30000 Jahren, sondern viel, viel früher angefangen hatte.

Dies widersprach der gängigen Geschichtsversion, denn zuvor hatten Historiker angenommen, dass Japans Kultur fast vollständig von Einflüssen aus Korea und China geprägt worden war. Nun könnte es sogar umgekehrt gewesen sein und das gefiel natürlich vielen stolzen Japanern.

Aufgrund seines fast unheimlichen Spürsinns erhielt Fujimura den Übernamen »Kami no Te«, was so viel bedeutet wie »Gottes Hand«.

Seine Offenbarung hatte er bereits als kleiner Junge gehabt, als er in seinem Garten alte Keramikscheiben fand. Es stellte sich heraus, dass diese Artefakte aus der Jōmon-Zeit stammten, die von 10 000 bis 300 Jahren vor Christus andauerte.

Er legte – obwohl er keine archäologische Grundausbildung genossen hatte – eine steile Karriere hin und wurde zum Vizedirektor des Paläolithischen Instituts von Tohoku ernannt.

DAS GLÜCKLICHE HÄNDCHEN …

Ende Oktober 2000 hatte »Kami no Te« zum letzten Mal ein glückliches Händchen. Er entdeckte acht Steinwerkzeuge bei Grabungen im Gebiet Kamitakamori in der Nähe der Stadt Tsukidate. Das Alter der Werkzeuge wurde auf bis zu 700 000 Jahre geschätzt, der Ausgrabungsort war damit vermutlich die älteste von Menschen bewohnte Stätte weltweit.

Und die Werkzeuge bewiesen noch etwas anderes:

Die Menschen, die sie hergestellt hatten, waren offenbar cleverer als ihre Zeitgenossen in anderen Ecken der Erde. Ein Archäologe schrieb über diesen Fund:

»Fujimura ist im Prozess, die Geschichte der menschlichen Evolution umzuschreiben«.

Kurze Zeit später wurde allerdings die Karriere von Fujimura umgeschrieben.

Am 6. November veröffentlichte die Zeitung *Mainichi Shimbun* einen tiefschürfenden Bericht. Fujimura sei beim Vergraben seiner späteren Fundstücke heimlich gefilmt worden. Er habe Artefakte aus der eigenen Sammlung vergraben, um sie später vor seinen staunenden Kollegen wieder auszubuddeln.

Die Journalisten von *Mainichi Shimbun* hatten einen Tipp erhalten von einem Archäologieprofessor, der an Fujimuras Spürnase zweifelte.

VOM TEUFEL GERITTEN …

Fujimura gestand den Schwindel ein.

Er habe insgesamt 61 seiner 65 Kamitakamori-Funde und 29 weitere Gegenstände auf einer anderen Stätte selbst hinterlegt.

»Ich erlag einer Versuchung und finde keine Worte für eine Entschuldigung«,

erklärte der 50-jährige Archäologe vor laufenden Kameras unter Tränen und verbeugte sich – Vergebung auf die japanische Art.

Der Druck, immer ältere Artefakte zu finden, sei zu groß geworden. Später fügte er als Erklärung für sein Handeln an:

»Der Teufel hat mich geritten.«

Umgehend verlor er den Posten am Tohoku-Institut.

Manche seiner Kollegen erklärten nun, sie hätten schon lange vermutet, dass da etwas nicht koscher sei.

Tatsächlich hatten einige Wissenschaftler in der Vergangenheit Fujimuras Funde als »abnormal« oder »fehlerhaft« bezeichnet.

Die Regelmäßigkeit, mit der Fujimura Erfolge feierte, war wirklich dubios.

Aber am Ende traute sich doch niemand, Fujimuras Autorität zu untergraben. Fujimura schwor zwar, dass seine anderen Funde authentisch seien, doch dafür wollte nun niemand mehr die Hand ins Feuer legen. Alle Funde wurden überprüft.

Dabei stellte sich heraus, dass Fujimura bereits im Jahre 1980 erste Funde vergraben hatte.

Alle 168 Ausgrabungsorte, an denen er gearbeitet hatte, waren von Fälschungen betroffen.

Für die Japaner bedeutete der Skandal, dass ein großer Teil ihrer prähistorischen Geschichte, den Fujimura mit seinen Funden bestätigt hatte, nun wieder zugeschüttet wurde. Sie mussten sprichwörtlich über die Bücher gehen, denn viele Schulbücher hatten Fujimuras Entdeckungen bereits aufgenommen.

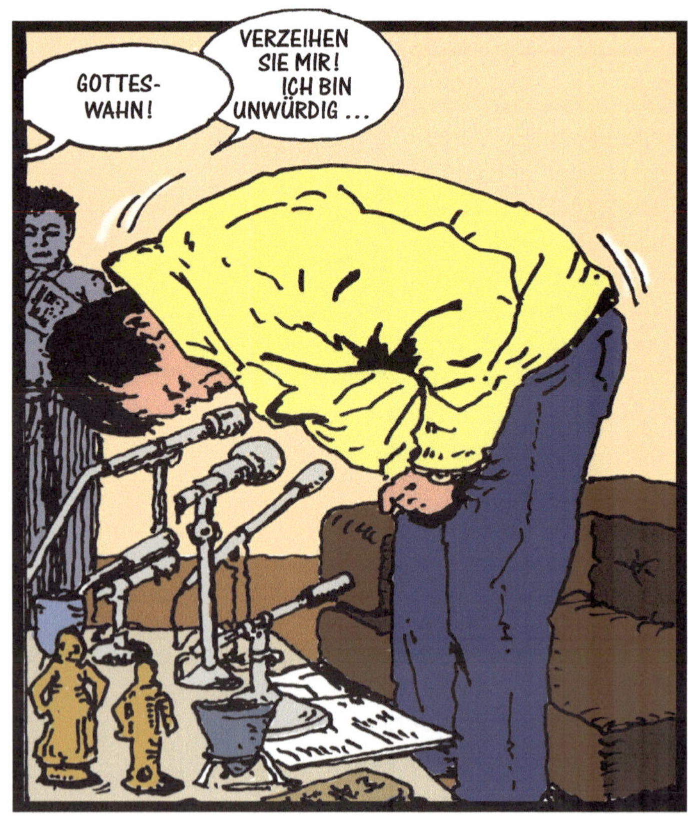

EIN HAUS AN DER PAZIFIKKÜSTE …

Fujimura wurde kurz nach Auffliegen des Skandals in die Psychiatrie eingeliefert.

Seine medizinische Diagnose wurde nicht bekannt; es wurde gemunkelt, er sei schizophren.

Niemand außerhalb der Anstalt konnte direkt mit ihm sprechen, nicht einmal die Verantwortlichen der Untersuchungskommission, die nach dem Skandal eingesetzt wurde, um die Wahrheit auszugraben.

Zu einer Anklage kam es nie, weil Fujimura ja keine Ausgrabungsorte zerstört, sondern sie im Gegenteil »angereichert« hatte.

FUJIMURA SOLL NACH SEINEM AUFENTHALT IN DER KLINIK WIEDER GEHEIRATET UND SEINEN NAMEN GEÄNDERT HABEN.
HEUTE SOLL ER IN EINEM KLEINEN DORF AN DER PAZIFIKKÜSTE WOHNEN.

EIN TOTER ARCHÄOLOGE …

2001

Der Skandal hatte aber noch weitergehende Folgen.

In den Strudel geriet auch ein gewisser Kagawa Mitsuo,

emeritierter Archäologie-Professor an der Beppu-Universität.

Die Zeitung *Shukan Bunshun* publizierte 2001 drei Berichte, in denen der Professor beschuldigt wurde, ebenfalls Fälschungen begangen zu haben. In der aufgeheizten Stimmung sah Kagawa keinen Ausweg gegenüber den schweren Vorwürfen.

Er erhängte sich.

Und er ließ eine Notiz zurück: Er sei unschuldig. Und: »Ich wünsche, dass mein Tod ein Zeichen des Protestes darstellt.«

Ein Gericht entschied später, dass die Zeitung *Shukan Bunshun* den Angehörigen Kagawas eine Entschädigung in Höhe von 100 000 Schweizer Franken zu zahlen hatte.

Das Gericht bezweifelte die Wahrhaftigkeit der Presseberichte. Die Zeitung druckte eine Entschuldigung.

ASTROLOGIE VS. ASTRONOMIE
FÄLSCHLICH · EINFÄLTIG · GENIAL ·
STARRSINNIG · TRAGISCH ·
· STARRKÖPFIG · TÖDLICH · CHAOTISCH ·
STÄNDLICH · DÜMMLICH ·
· KOMISCH · ZUKUNFTSORIENTIERT ·
SARKASTISCH · VERWERFLICH · UTOPISCH · ABARTIG · NAIV ·
DIGEND · WOHLWOLLEND · KINDLICH · ALTERTÜMLICH ·
TÖDLICH · SARKASTISCH · ABARTIG · KOMISCH · KAUZIG · DRAMA-TISCH · WITZIG · GEFÄHRLICH · GLAMOURÖS · FUTURISTISCH · MÖRDE-
SINNLICH ...
#18 Wissenschaftsskandal
DIE GLAMOURÖSE DOKTORIN DER ASTROLOGIE
VIVE L'ASTROLOGIE !!!
VICTOIRE !!!
HOCH
HURRA
ES LEBE DIE ASTRONOMIE !!!
JAWOHL !
?
BRAVO

DIE STERNDEUTERIN …

Die bekannte Sterndeuterin Elizabeth Teissier hat angeblich schon manchen Sturm vorhergesehen, etwa den Fall der Berliner Mauer oder den Crash der Börsen im Jahre 1987. Aber der Entrüstungssturm über ihren Doktortitel traf sie überraschend.

BERLINER MORGENPOST

Ost-Berliner erobern West-Berlin

FREIHEIT!

CRASH

Wall Street's blackest day

PANIC

Teissier hat schon viel erlebt. Die Tochter eines Schweizers und einer Französin hat zunächst Medizin studiert, wechselte aber nach einem Jahr das Fach und studierte Literatur, französische Philosophie und Soziologie. Sie begann zu schauspielern, unter anderem in Filmen mit Jean-Paul Belmondo, und modelte für Coco Chanel.

Später wandte sie sich den Sternen zu, schrieb mehrere Bücher über Astrologie und wurde die erste bekannte TV-Astrologin Europas.

Angeblich soll sie gar den französischen Staatspräsidenten François Mitterand astrologisch beraten haben: »Während des ersten Golfkrieges musste ich ihn mehrmals am Tag beraten, er wollte wissen, wie das Sternbild von Bush und Saddam standen.« Böse Zungen behaupten allerdings, Mitterand sei eher Teissiers Reizen erlegen.

Als sei dies alles nicht genug der Arbeit, schrieb sich Teissier Anfang der 1990er-Jahre auch noch an der Sorbonne ein und begann eine Doktorarbeit. Teissier arbeitete acht Jahre an dem Werk, auf über 900 Seiten wuchs es an.

Astrologie als wissenschaftliches Fach?

Kein Wunder, diese Doktorarbeit wirbelte viel Staub auf – und zwar zum ersten Mal bei der Verteidigung der Doktorarbeit.

Situation épistémiologique de l'astrologie à travers l'ambivalence fascination/rejet dans les sociétés post-modernes

ELIZABETH TEISSIER

Elizabeth Teissier und François Mitterand

1990er-Jahre

WIR SIND HIER NICHT IM THEATER …

Wie jede andere Doktorandin auch musste Teissier zur Erlangung ihrer akademischen Würde vor einer Jury ihre Arbeit verteidigen. Etwa 250 Gäste, vornehmlich vornehme Teissier-Groupies im höheren Alter folgten der Einladung der Sterndeuterin und quetschten sich auf die harten Holzbänke im Vorlesungssaal.

Eine in Chanel gekleidete Teissier schlug sich wacker vor der Jury und ihre Ausführungen wurden durch die adretten Damen auf den Holzbänken teils von derart starkem Beifall gekrönt, dass sich der Präsident der Prüfungskommission, Professor Serge Moscovici, gezwungen sah, zur Ordnung aufzurufen: »Wir sind hier nicht im Theater.«

Das Ganze entwickelte sich aber zu einem Theater erster Güte.

Denn neben den entzückten Astro-Groupies saßen im Saal auch einige Gelehrte – mit finsteren Minen.

Vor allem die Astrophysiker und Astronomen, die Sternkunde als Wissenschaft sehen, waren von Teissiers Doktorarbeit ganz und gar nicht angetan und wollten Himmel und Hölle in Bewegung setzen, um der Sterndeuterin das Handwerk zu legen.

Für sie war es ein Hohn, dass eine Arbeit, die sich mehr oder weniger kritiklos mit der Astrologie auseinandersetzt, auch noch wissenschaftliche Weihen erhalten sollte.

Sie hatten gelesen, was Teissier auf ihrer eigenen Webseite unter der Rubrik »Mein Traum« geschrieben hatte:

»Der Astrologie ihre Würde wiederzugeben, die königliche Kunst der Sterndeutung als Lehrstuhl an der Sorbonne und an allen großen Universitäten zu etablieren – dafür kämpfe ich.«

Das Problem war, dass die Sterndeuterin in ihrer Doktorarbeit die Astrologie mit einer verifizierbaren Wissenschaft verglich, von »unwiderlegbaren Beweisen zugunsten eines planetarischen Einflusses« schrieb oder davon, dass die astrologischen Theorien als wissenschaftlich anerkannt werden mussten, da sie »durch Beobachtung und statistische Verfahren falsifizierbar« seien.

Besonders heikel wurde es ...

wenn Teissier erklärte, dass Krankheiten durch falsche Planetenkonstellationen ausgelöst werden:

»Kürzliche Untersuchungen haben uns erlaubt, eine Beziehung zwischen Krebs und sogar Aids und den Dissonanzen dieser zwei Planeten (Neptun und Pluto) herzustellen, sofern die Geburtskonstellation berücksichtigt wird«, schrieb sie in ihrer Doktorarbeit.

Die Absicht, die Teissier mit ihrer Arbeit verfolgte, lag auf der Hand und es benötigte keine Handauflegerin, um sie zu deuten: Sie wollte der Astrologie ein wissenschaftliches Mäntelchen umlegen und eine Professur für Astrologie an der Sorbonne einrichten.

Die Kritiker waren gekommen, um öffentlich kundzutun, was sie von Teissiers Doktorarbeit hielten, etwa Sven Ortoli, Chefredakteur einer wissenschaftlichen Zeitschrift. Er erhob sich während der Anhörung und erklärte:

»Ich kann nicht bleiben, wir sind heute Zeugen eines Scherzes. Der König hat keine Kleider.«

Auch andere Personen verließen empört den Saal, die Türen zuschlagend. Bereits am Abend zuvor hatte der Astrophysiker Jean Audouze gefordert, den ganzen Anlass abzublasen.

Aber aller Aufstand war vergebens.

UNTER DEM APPLAUS IHRER GROUPIES UND UNTER TRÄNEN ERHIELT TEISSIER IHREN DOKTORTITEL MIT DER ZWEITBESTEN NOTE »TRÈS HONORABLE«.

Teissier war entzückt:

»Nach 350 Jahren ist die Astrologie in die Sorbonne zurückgekehrt. Wie schön.«

Mit dieser Prophezeihung lag Teissier allerdings falsch, denn ...

die Sorbonne machte keinerlei Anstalten, einen Lehrstuhl für Astrologie einzurichten.

TÖRICHTE TOCHTER EINER WEISEN MUTTER …

Die große französische Zeitung *Le Monde* handelte Teissiers Doktor(un?)würden in der Folge auf der Titelseite ab.

Die Arbeit halte keinerlei wissenschaftlichen Kriterien stand und sei eine persönliche Arbeit über die Astrologie, aber keine Arbeit aus dem Fachbereich Soziologie. Voltaire wurde zitiert, der einst erklärt hatte:

»Der Aberglaube ist für die Religion, was die Astrologie für die Astronomie ist – eine sehr törichte Tochter einer sehr weisen Mutter.«

Michel Maffesoli

Viele Kritiker machten Maffesoli für den Skandal verantwortlich, weil er eine solche Doktorarbeit überhaupt erst ermöglicht habe.

Die Arbeit wurde nicht nur in *Le Monde*, sondern auch von anderen Kritikern genüsslich zerlegt. Denn schon in den ersten Zeilen der Doktorarbeit beginnen die Widersprüche.

Schuld sei aber vor allem Professor Michel Maffesoli, Teissiers Doktorvater, der sich bereits in der Vergangenheit mit seiner zum Teil sehr großzügigen Auslegung der Grenzen der Soziologie hervorgetan hatte.

So zitiert Teissier Albert Einstein, der angeblich die Verdienste der Astrologie gewürdigt haben soll. Allerdings, so haben Nachforschungen ergeben, hat Einstein dies nie so gesagt.

NOBELPREISTRÄGER VS. TEISSIER ...

Wenig später begannen die Soziologen Unterschriften zu sammeln. Sie fürchteten um den Ruf ihres Fachs, das sich noch kaum von der Peinlichkeit des Falls Alan Sokal erholt hatte.

Alan Sokal hatte einige Jahre zuvor einen wissenschaftlichen Artikel verfasst, ein Text gespickt mit Soziologen-Jargon, aber mit völlig unsinnigem Inhalt.

Sokal hatte es tatsächlich geschafft, diesen Text einem renommierten Soziologie-Journal unterzujubeln. Kurz nach der Veröffentlichung hatte Sokal erklärt, dass er diesen Artikel als Parodie geschrieben habe, und die Welt lachte. Zuerst Sokal und dann Teissier? Diese Schmach wollten sich die Sozialwissenschaftler ersparen.

Über 300 Soziologen unterschrieben eine Petition, die forderte, die Sorbonne solle ihre Entscheidung nochmals überdenken und die Doktorarbeit durch eine unabhängige Jury überprüfen lassen.

Auch vier Nobelpreisträger unterschrieben die Petition. In der Folge wurde ein Wissenschaftsrat mit Mitgliedern aus verschiedenen Fachrichtungen gegründet – Astrophysiker, Soziologen, Philosophen, die die Arbeit unter die Lupe nahmen.

Ihr Urteil war wenig schmeichelhaft.

Die Arbeit von Elizabeth Teissier erfülle keinerlei Anforderungen an eine »wissenschaftliche Ernsthaftigkeit« und könne höchstens als ein Plädoyer für die Astrologie betrachtet werden.

Auch die französischen Soziologiefachverbände waren mit der Arbeit unzufrieden und bezeichneten sie als eine »Nichtdissertation«.

Jean Bricmont von der Association Française pour l'information Scientifique (AFIS) schrieb: »Methodik und Systematik sucht man hier ebenso vergebens wie eine objektivierende Distanz zu ihrem Gegenstand.« Andere hielten ihre Kritik simpler, etwa der Physiker Henri Broch, der in der Arbeit unzählige Rechtschreibfehler fand. Er riet Teissier, Schizophrenie doch bitte in Zukunft nicht mehr mit y zu schreiben.

Einige Gelehrte eilten Teissier aber auch zu Hilfe und bezeichneten die Affäre als Hexenjagd. Teissiers Arbeit werde vor allem kritisiert, weil sie eine bekannte Astrologin sei und zudem eine attraktive und erfolgreiche Geschäftsfrau. Der bekannte Soziologe Alain Touraine etwa unterstützte Teissier und wetterte gegen die ständige Wissenschaftshörigkeit und das stete Vernunftdenken. Teissier selbst blieb ziemlich gelassen und konterte:

»Die Hunde bellen, aber die Karawane zieht weiter.«

Die meisten ihrer Kritiker hätten die Arbeit ohnehin nicht gelesen – was ziemlich sicher stimmte (zur Erinnerung: die Arbeit umfasste mehr als 900 Seiten) und ergänzte:

»Ich bin seit 30 Jahren an Häme gewohnt.«

Auf ihrer Webseite schrieb sie von einem »völlig unerwarteten Sturm in den Medien«, ihre Kritiker bezeichnete sie als eine Gruppe von fanatischen Wissenschaftlern, bei denen es sich nicht einmal um Soziologen handelte, sondern um Astrophysiker oder Philosophen.

DURKHEIM VS. WEBER

Was wie ein wissenschaftlicher Disput über eine strittige Doktorarbeit erscheint, hat eine tiefer liegende Komponente. Soziologen sind oft Anhänger entweder von Émile Durkheim oder Max Weber – beide Soziologiepioniere.

Durkheim war ein Verfechter von quantifizierbaren, objektiven Methoden und hätte wenig Freude an Teissiers Arbeit gehabt.

Max Weber hingegen setzte mehr auf phänomenologische Aspekte, subjektive Erfahrungen und auch mal auf das Irrationale und Unlogische.

Ein extremer Vertreter dieses Zweigs ist Michel Maffesoli, Teissiers Doktorvater. Er ist der Meinung, dass die Astrologie zwar keine verifizierbare Wissenschaft sei, trotzdem aber ein soziologisches Phänomen.

»Ist das, was ich mache, etwas Wissenschaftliches? Da bin ich mir nicht sicher. Nehmen Sie es lieber als eine Art Wachträumerei, der ich nachgehe und die ich zur Diskussion stelle«, sagte Maffesoli einst über seine Arbeit. Noch Monate nach der umstrittenen Doktortitelvergabe von Elizabeth Teissier stritten Vertreter Durkheims und Webers darüber, ob eine solche Arbeit doktorwürdig sei.

Einige Gelehrte allerdings meinten schlicht, es gehe hier nicht um Durkheim oder Weber, es gehe um gute oder schlechte Wissenschaft.

TRAUM ODER ALBTRAUM?
FÄLSCHLICH · EINFÄLTIG · GENIAL · SKANDALÖS ·
STARRSINNIG · TRAGISCH ·
· STARRKÖPFIG · TÖDLICH · CHAOTISCH ·
STÄNDLICH · DÜMMLICH ·
· KOMISCH · ZUKUNFTSORIENTIERT · TRAUMATISCH ·
KASTISCH · VERWERFLICH · UTOPISCH · ABARTIG · NAIV ·
GEND · WOHLWOLLEND · KINDLICH · ALTERTÜMLICH · HERZLICH ·
TÖDLICH · SARKASTISCH · KOMISCH · KAUZIG · DRAMATISCH · WITZIG ·
GEFÄHRLICH · GLAMOURÖS · FUTURISTISCH · MÖRDERISCH · SINNLICH · STOISCH · IDEALISTISCH · OPTIMISTISCH · GIERIG ·
#19 Wissenschaftsskandal
WIE KLONBABY EVA DIE WEIHNACHTS-STIMMUNG VERSAUTE
SCHRECK-LICH!
LOS, KOMM!
AUS !!!
STOP KLON
SCHLUSS
STOP!
WEG!
WARUM ???
ANGST
CLOWN-KLONT-CLOWN

DAS KLONBABY EVA …

Am 26. Dezember 2002 war die Weihnachtsstimmung auf einen Schlag dahin: Mitglieder der Raël-Sekte behaupteten, das erste geklonte Baby mit dem sinnigen Namen Eva sei auf die Welt gekommen. Die Schöpfung habe neu begonnen.

DIE WELT WAR SCHOCKIERT, ANGEWIDERT UND ZUGLEICH FASZINIERT.

2002

Nach Angaben der Sekte wog das Klonbaby 3,2 Kilo und war aus der Hautzelle einer 31-jährigen US-Amerikanerin entstanden.

Innerhalb weniger Tage erhöhte die Sekte die Zahl der Klonbabys auf fünf, geboren unter anderem in Japan und in Saudi-Arabien.

Verantwortlich für das Experiment sei die Chemikerin Brigitte Boisselier, innerhalb der Sekte im Range einer »Bischöfin«. Boisselier war Leiterin des Labors Clonaid, der Stall, in dem das Wunder stattgefunden haben soll.

Heute wären die fünf Klonkinder im Schulalter …

Allerdings hat sie nie jemand zu Gesicht bekommen. Obwohl von Anfang an klar war, dass Eva und seine Klongeschwister höchstwahrscheinlich erfunden waren, wurde die Meldung von Medien verbreitet und in der Öffentlichkeit diskutiert.

Eine bizarre Ufo-Sekte, die fünf Menschen geklont haben will – die Geschichte war einfach zu abgefahren, um nicht weltweit für Furore zu sorgen.

DER SEKTENFÜHRER RAËL …

Hilfreich bei dieser medialen Weltumrundung war sicher auch die Vergangenheit des Sektenführers Raël.

In seiner Biografie erzählt er, wie sich sein Leben eines schönen Tages veränderte, an einem Morgen im Dezember 1973. Damals hatte Claude Maurice Marcel Vorilhon, wie er damals noch mit vollem Namen hieß, eine Begegnung der ganz, ganz besonderen Art, als er, anstatt ins Büro zu fahren, einer Eingebung folgte und in Richtung eines Vulkankraters abbog.

Vorilhon hatte sich bis anhin als Chansonnier, Autorennfahrer und Auto-Journalist versucht. Er hatte ein Automagazin namens Auto-Pop gegründet – in der nicht unbegründeten Hoffnung, stets die neuesten Autos fahren zu können. Nun öffnete sich ihm aber ein neuer Weg.

Nach eigenen Angaben begegnete er im Vulkankrater einem Außerirdischen, einem sogenannten Elohim, etwa 1,20 Meter groß, mit olivfarbener Haut (vergleichbar mit einem Patienten mit Leberschaden), mandeläugig und mit langen schwarzen Haaren.

Der Außerirdische forderte ihn in fließendem Französisch auf, von nun an das Wort der Elohim zu verbreiten, um die Menschheit auf deren Ankunft vorzubereiten.

Da dem Außerirdischen Claude als Name für einen Sektenführer unpassend erschien, benannte er ihn in Raël um. Ziel der Raëlianer ist unter anderem der Bau einer Botschaft,

um die Elohim bei ihrer Rückkehr würdig empfangen zu können. Zwei Jahre später nahmen die Außerirdischen Raël gar mit auf ihren paradiesischen Heimatplaneten.

Dort saß Raël an einem Tisch mit Moses, Mohammed, Buddha und Jesus – der übrigens sein Halbbruder ist. Danach wurde Raël von sechs weiblichen Robotern verwöhnt.

Die Raëlianer sind bedingungslos wissenschaftsfreundlich, sie sind überzeugt, dass die DNA eines Menschen zugleich seine Seele ist. Sie lieben Gentechnik, reuefreien Gruppensex und natürlich das Klonen, denn es bringt ewiges Leben.

Sie kombinieren die biblischen Geschichten mit dem heutigen naturwissenschaftlichen Verständnis.

So hat Mose tatsächlich Wasser aus dem Fels geschlagen, denn sein Stab war in Wirklichkeit ein Grundwasserdetektor.

Dieser einzigartige Mix macht wohl die Anziehungskraft der Sekte aus, mittlerweile soll sie zwischen 25 000 und 50 000 Anhänger weltweit haben. Niemand weiß, wie viele es sind.

Nach Angaben der Sekte sind es 40 000 Mitglieder in 84 Ländern.

Vor allem in Frankreich, Kanada und in der Schweiz. Raël hat übrigens ein besonderes Flair fürs Wallis, davon später mehr.

IM JAHR 1997 WIRD DURCH DIE GEBURT VON SCHAF DOLLY DAS KLONZEITALTER EINGELÄUTET …

Die Raëlianer begannen, ihr Ziel, einen Menschen zu klonen, enger zu verfolgen, und gründeten dazu auf den Bahamas eine Handelsgesellschaft. Später wurde auch das Labor Clonaid in den USA errichtet.

Die Klontechnik sollte insbesondere eingesetzt werden, um Paaren zu helfen, die sich ein Kind wünschen, aber keines bekommen können. Letzter Ausweg für diese Paare sollte ein Klonbaby sein. Im Internet wurde ein Angebot aufgeschaltet:

Wer Lust hat, kann sich für 200 000 Dollar klonen lassen.

Das Angebot war verlockend, sozusagen mit einer Klon-Garantie, denn die 200 000 Dollar mussten erst bei erfolgreichem Abschluss des Experiments hingeblättert werden.

Nach Angaben der Sekte meldeten sich etwa 100 Möchtegern-Klonversuchskaninchen.

Unter ihnen befand sich ein US-amerikanisches Paar, dessen zehn Monate altes Baby nach einer misslungenen Operation im Krankenhaus verstorben war.

Das Paar hatte zwar zwei weitere Kinder und hätte wahrscheinlich auch noch ein Kind bekommen können, denn beide waren gesund. Aber sie wollten kein anderes Kind, sie wollten dieses – erneut.

Das Paar stieß im Internet auf das Angebot von Clonaid und die beiden waren gewillt, die Raëlianer auch finanziell zu unterstützen, und bezahlten eine komplette Laborausstattung.

BEGINN DES KLONZEITALTERS …

Das Paar vertraute offenbar auf die beiden einzigen Faktoren, die dafür sprachen, dass die Raëlianer ihr Klonexperiment tatsächlich vollbringen könnten:

Auf der einen Seite sind sie verrückt genug, es überhaupt zu probieren.

Andererseits gibt es innerhalb der Sekte eine genügend große Anzahl williger Frauen, die ihre Eizellen für dieses Experiment spenden – und um einen Menschen zu klonen braucht es jede Menge Eizellen.

Aus dem Experiment wurde zwar nichts, die Geburt eines Klonbabys wurde nicht vermeldet, dafür erhielten die Mitarbeiter von Clonaid anderen, unerwarteten Besuch von oben. Kurze Zeit später standen nämlich Vertreter der US-Gesundheitsbehörden vor der Tür, um das Labor zu überprüfen.

Laborleiterin Boisselier wurde dazu gezwungen, schriftlich festzuhalten, dass sie auf amerikanischem Boden keinen Menschen klonen wird, bevor das amerikanische Parlament über die Zukunft des Klonens entschieden hat (mittlerweile ist das Klonen von Menschen in den meisten Ländern verboten). Boisselier war von dem unangekündigten Besuch ziemlich überrascht. Jedenfalls meinte sie, sie wisse gar nicht, wie die Behörden ihr geheimes Labor überhaupt gefunden hätten ...

Im August 2001 musste Boisselier vor einem Ausschuss der amerikanischen Wissenschaftsakademie erscheinen. Mit von der Partie waren die beiden Mediziner Panayiotis Zavos und der italienische Arzt Severino Antinori, die beide ebenfalls angekündigt hatten, einen Menschen klonen zu wollen.

Ziel des Ausschusses war es, herauszufinden, wie weit das Klontrio mit den Vorbereitungen gekommen war. Da alle drei im Geheimen experimentierten und auch nicht im Detail über ihre Ergebnisse Auskunft geben wollten, war die Zusammenkunft eher ein Reinfall.

Das Ganze entwickelte sich zusehends zu einer Zirkusvorstellung.

Denn das Klontrio nutzte die Gelegenheit schamlos aus, sich vor diesem Ausschuss angesehener Wissenschaftler in Szene zu setzen.

Raël sorgte auch in den Monaten danach dafür, dass er und seine Sekte im Gespräch blieben: So empfahl er dem japanischen Kronprinzen Naruhito, der kinderlos geblieben war, er solle sich doch einfach ein eigenes Kind klonen lassen.

Eine weitere Idee Raëls bestand darin, Hitler zu klonen, um ihn dann seiner gerechten Strafe zuzuführen.

KEINE GLAUBWÜRDIGKEIT – KEIN PROBLEM …

2002

In Anbetracht von Raëls und Boisseliers Vorgeschichte verwundert es ein wenig, dass die Nachricht von der angeblichen Geburt von Klonbaby Eva im Dezember 2002 derart für Furore sorgte. Eigentlich hätte allen klar sein müssen, dass es sich um eine Falschmeldung handelte, als die Laborleiterin Boisselier verkündete:

»Ich habe menschliche Embryonen geklont.«

Die Raëlianer hatten aber einen Trumpf in der Hand: Wer keine Glaubwürdigkeit besitzt, der kann sie auch nicht aufs Spiel setzen.

Und in Sachen PR muss man vor den Fähigkeiten der Raëlianer den Hut ziehen. Obwohl die Raëlianer etwa im Monatsrhythmus davon palavert hatten, einen Menschen klonen zu wollen und kein einziger angesehener Wissenschaftler an einen Erfolg glaubte, schafften sie es dennoch auf die Titelseiten der Zeitungen – und das bei einer nicht zu unterschätzenden Konkurrenz.

Schon im Jahre 1999 hatte die deutsche *Bild*-Zeitung vermeldet: »Erstes Menschenbaby geklont.« Zudem wirbelten die beiden Mediziner Zavos und Antinori ebenfalls seit Jahren im Klonbusiness herum. Man hätte also meinen können, dass die Welt klonmäßig bereits bedient sei.

Nach einigen Wochen ebbte das Interesse aber ab, die Ankündigung des fünften Clonaid-Klonbabys war schon fast keine Zeitungszeile mehr wert.

Um die Sekte wurde es ruhiger, insbesondere nachdem allen klar war, dass die Öffentlichkeit die Babys nie zu Gesicht bekommen würde und auch keine Tests zur Überprüfung der Echtheit der Experimente stattfinden würden.

SEKTENFÜHRER MÖCHTE IN EINEM WALLISER WEINKELLER ARBEITEN …

Sektenführer Raël wollte nun, auf seine ruhigeren Tage hin, seine Zelte in der Schweiz aufschlagen, genauer im Wallis. Allerdings stieß er dort auf verschränkte Arme.

Die Walliser Behörden verweigerten dem Sektenführer die Aufenthaltsbewilligung. Sie begründeten dies mit Raëls' Vergangenheit, da er dazu aufgerufen hatte, Kinder »aktiv sexuell zu erziehen«. Die Walliser Behörden verstanden das als Aufruf zu pädophilen Handlungen. Zudem ist das Klonen von Menschen in der Schweiz verboten.

Raël gab sich mit dieser Abfuhr nicht zufrieden und zog das Urteil bis vor das Bundesgericht, wo sein Ansinnen allerdings erneut abgelehnt wurde. Der Schutz der sexuellen Integrität von Minderjährigen und der Schutz der menschlichen Würde seien wichtiger als jede andere Erwägung, befand das oberste Schweizer Gericht.

Raël hatte schon vor seinem Gang ans Bundesgericht angekündigt, nötigenfalls bis vor den Europäischen Gerichtshof für Menschenrechte zu ziehen. Ob die dortigen Richter klonfreundlicher sind, ist noch offen, ist aber zu bezweifeln.

Raëls Sturheit hat zumindest einen guten Grund: Er möchte unbedingt im Wallis bleiben, um in der Weinkellerei eines Sektenmitglieds zu arbeiten.

WIRD ES JEMALS EINEN MENSCHLICHEN KLON GEBEN?

NIEMAND WEISS ES!

Heute ist auf jeden Fall klar: Das Klonen eines Menschen – ganz abgesehen davon, dass es in den meisten Ländern verboten ist – ist technisch äußerst schwierig.

Lange Zeit war unklar, ob es überhaupt funktioniert.

Im April 2013 gelang es einem Forschungsteam der Oregon Health and Science University erstmals, menschliche Embryonen zu klonen.

Das Ziel dieses Experiments bestand allerdings nicht darin, einen Menschen zu klonen, sondern aus den wenige Tage alten Embryonen Stammzellen zu gewinnen, die dann therapeutisch verwendet werden könnten, zum Beispiel um Krankheiten wie Parkinson, Multiple Sklerose oder Herzerkrankungen zu behandeln.

Ob diese Embryonen tatsächlich lebensfähig gewesen wären, bleibt unklar.

ZARTBESAITETE DICHTER? VON WEGEN!

IM JAHRE 2009 BEWARBEN SICH EINE DICHTERIN UND ZWEI DICHTER UM DEN ZWEITWICHTIGSTEN POSTEN FÜR DICHTKUNST IN GROSSBRITANNIEN. DAS GANZE ENDETE IN EINER SCHLAMMSCHLACHT.

#20 Wissenschaftsskandal

POETRY SPAM

Alle fünf Jahre wird an der Universität Oxford das Amt des »Professor of Poetry« neu ausgerufen. Nach dem Hofdichter der Queen ist dies der wichtigste Posten für Dichter in ganz Großbritannien.

RUTH PADEL

DEREK WALCOTT

ARVIND KRISHNA MEHROTRA

Seit der Gründung der Professur im Jahre 1708 wurden ausschließlich Männer auf diesen Posten gewählt. Das hätte sich im Jahre 2009 ändern können.

Eine Dichterin und zwei Dichter wurden für den Posten vorgeschlagen:

Ruth Padel hat bereits als kleines Mädchen gedichtet und ist eine Ururenkelin von Evolutionsforscher Charles Darwin.

Dann der Nobelpreisträger **Derek Walcott**, geboren in St. Lucia (West Indies), einer isolierten Vulkaninsel und ehemaligen britischen Kolonie.

Als Dritter wollte der Inder **Arvind Mehrotra** von der Allahabad Universität den begehrten Sitz erben.

Eigentlich kann jede Person auf diesen Posten gewählt werden, ein akademischer Titel ist dafür nicht nötig.

De facto wurde aber in 300 Jahren niemand gewählt, der nicht enge Verbindungen zur Universität Oxford vorweisen konnte. Denn gewählt wird der Professor von allen, die in Oxford studieren und lehren oder je dort studiert oder gelehrt haben.

Die offiziellen Aufgaben des Poesie-Professors sind so gering wie sein Gehalt: Drei offizielle Lesungen muss er pro Jahr halten, bei einem Jahresgehalt von circa 11 000 Dollar.

Immerhin musste er bis 1972 über gute Lateinkenntnisse verfügen, da bis zu diesem Zeitpunkt die Vorlesungen auf Lateinisch abzuhalten waren.

Wichtiger als die drei offiziellen Lesungen ist aber seine Lobbyfunktion.

Der Professor hat die Aufgabe, insbesondere bei den Studentinnen und Studenten ein Faible für die Poesie zu wecken.

Und wirklich attraktiv wird der Job, wenn man die lange Liste an renommierten Dichtern bestaunt, die den Posten bereits innehatten, etwa Robert Graves und Paul Muldoon.

NUR EINER KANN GEWINNEN

GRABEN ZWISCHEN WISSENSCHAFT UND POESIE VERRINGERN …

Ruth Padel wollte nach 300 Jahren die erste Frau auf dieser Liste sein.

Sie erklärte im Vorfeld der Wahl, sie wolle das Amt nutzen, um den Graben aufzufüllen, der sich im 20. Jahrhundert zwischen Wissenschaft und Poesie aufgetan habe.

Bereits mit ihrem Buch Darwin: A Life in Poems, ein Buch über ihren Vorfahren Charles Darwin, war ihr das gelungen. In diesem Buch zeichnete sie in Gedichten den Lebensweg des großen Entdeckers nach.

Die Wahl zwischen Padel und den beiden anderen Kandidaten schien spannend zu werden, die Pegelstände der drei Kandidaten waren aber unterschiedlich hoch.

Walcott, der im Jahre 1992 den Literatur- Nobelpreis gewonnen hatte, hatte die beste Ausgangslage; Mehrotra den Außenseiterbonus.

Am 12. Mai 2009, vier Tage vor der Wahl, begann die Schlammschlacht.

Walcott erklärte überraschend, er werde aus dem Rennen aussteigen. Er begründete seinen Entscheid mit einer Schmutzkampagne von anonymer Seite.

Jemand hatte mehr als hundert Oxforder Gelehrten Briefe geschickt, in denen zu lesen war, dass Walcott zwei Studentinnen sexuell belästigt habe. Es waren Geschichten, die zum Teil fast 30 Jahre zurücklagen.

Die erste Frau, die anonym geblieben war, hatte ihre Erlebnisse in einem Buch verarbeitet. Das Werk trug den Titel *The Lecherous Professor* (»Der geile Professor.«) geschrieben von Billie Wright Dziech und Linda Weiner.

Die Studentin erzählte darin, Walcott habe sie im Jahre 1982 bei einem Poesie-Workshop an der Universität Harvard gefragt:

»Würdest Du mit mir schlafen, wenn ich Dich fragen würde?«

Die Studentin habe eine schlechte Note erhalten, als sie auf Walcotts Annäherungsversuche nicht eingegangen sei.

Walcott erwiderte damals, diese Anschuldigungen seien »ungerecht«: »Der Ton der Konversation war nicht anstößig gemeint.«

Walcott schrieb damals einen Brief an die Universität Harvard, in dem er seinen Rücktritt anbot, falls seine Präsenz unangenehm sei.

Die Universität korrigierte auf Drängen der Studentin die Note. Sie bestand den Kurs. Und Walcott behielt seinen Posten.

Der anonyme Brief an die Oxforder Gelehrten enthielt zudem die Details eines zweiten Falles, in den Walcott verwickelt gewesen war. Denn einige Jahre später behauptete Nicole Niemi, eine Studentin der Universität Boston, Walcott habe ihr erzählt, solange sie nicht mit ihm ins Bett steige, würde er ihre Theateraufführung nicht produzieren.

Diesmal sagte Walcott gar nichts mehr zu den Anschuldigungen. Der Fall wurde außergerichtlich geregelt. Und er geriet mehr und mehr in Vergessenheit.

POESIE-WORKSHOP AN DER UNIVERSITÄT HARVARD

Niedere Taktiken …

Aber der Schatten der Vergangenheit reichte bis ins Jahr 2009. Nach dem Versand der anonymen Briefe erklärte Walcott: »Ich ziehe mich aus dem Rennen um den Titel des Poesie-Professors zurück. Ich bin enttäuscht, dass solch niedere Taktiken gewählt wurden. Wenn dieses Rennen in einem derart degradierenden Versuch von Rufmord endet, dann möchte ich nicht Teil davon sein.«

Nach dem Ausscheiden Walcotts stellte sich natürlich die Frage: Wer nimmt sich die Zeit, über hundert Gelehrte mit anonymen Briefen zu bedienen? Der Verdacht fiel auch auf die zwei Mitbewerber.

Ruth Padel erklärte aber umgehend, sie sei schockiert, habe damit nichts zu tun und verurteile das Vorgehen.

»Er ist mein Kollege und er ist ein Dichter und ich möchte nicht, dass Dichter gedemütigt werden. Natürlich müssen wir sexuelle Belästigung ernst nehmen, aber hier gibt es noch einen anderen Aspekt und sie ist schrecklich, diese anonyme Kampagne.« Sie verfolge eine »saubere Kampagne«.

Padels saubere Kampagne führte zum Sieg: Am 16. Mai wurde sie von den Oxfordern mit 297 von insgesamt 477 Stimmen als erste Frau zur Professorin für Dichtkunst gewählt.

Die Amtszeit dauerte genau neun Tage.

Dann wurde bekannt, dass sie zwei Journalisten in E-Mails auf die schlüpfrige Vergangenheit Walcotts hingewiesen hatte.

»Man kann sehen, was er (Walcott) für die Studentinnen tut, wenn man im Buch *The Lecherous Professor* nachschlägt«, hatte sie den Journalisten geschrieben.

Zudem stellte sie in diesen E-Mails Walcotts Gesundheit infrage – er war zu diesem Zeitpunkt 79 Jahre alt – und erklärte, Walcott sei schwierig wählbar, weil er in der Karibik lebe und nicht in Großbritannien.

Die Medien machten aus diesen E-Mails nun fette Schlagzeilen.

Einige »Sirs« und »Lords« mit Oxforder Vergangenheit erklärten, wie »schändlich« das sei und ein Rücktritt wurde nahegelegt.

Padel brach ein. Und trat ab.

Nach ihrem Abgang hielt Padel in einem Kommuniqué fest:

»Ich bin fest davon überzeugt, dass ich nichts Vorsätzliches getan habe, das zu Derek Walcotts Rückzug beigetragen hat. Ich wünschte, er hätte sich nicht zurückgezogen. Ich habe mich nicht an einer Schmutzkampagne gegen ihn beteiligt, aber als ein Resultat von besorgten Studentinnen habe ich naiverweise – und rückblickend unklug – Informationen an zwei Journalisten weitergegeben. Informationen, die bereits seit Jahren öffentlich waren.«

Padel erklärte, sie hätte kein Problem damit gehabt, gegen Walcott zu verlieren, aber »ich kann verstehen, dass die Leute meine Taten anders interpretieren könnten«.

Ihre Tat sei »naiv und dumm« gewesen.

Damit war der Scherbenhaufen komplett: Walcott ausgestiegen, Padel zurückgetreten. Blieb noch der Inder Mehrotra, der nun auch keine Lust mehr verspürte, den verschmutzten Thron zu besteigen.Die Oxforder waren geteilter Meinung. Einige waren natürlich schockiert über Padels Vorgehen. Andere eilten ihr zu Hilfe, etwa Jeanette Winterson, die im *The Guardian* schrieb, dies sei ein Weg »um eine Frau zu reduzieren. Einem Mann wäre das nicht passiert. Aber Oxford ist eben ein kleines sexistisches Drecksloch.« Die »misogynistischen Kräfte in Oxford«, die Frauenhasser, hätten sie vom Thron gestoßen. Kollegin Jackie Kay schlug in die gleiche Kerbe: »Sie musste wegen zweier E-Mails zurücktreten. Die ›Old Boys‹ haben sie sich vorgenommen.«

Ruth Padel äußerte noch einen letzten Wunsch:

»ICH HOFFE, DASS DER NÄCHSTE ›PROFESSOR OF POETRY‹ EINE FRAU SEIN WIRD.«

Es wurde ein Mann.

QUELLENANGABEN

1. Schlammschlacht um einen weißen Fleck

Terra X: Die Nordpol-Verschwörung, TV-Dokumentation, ZDF, 2009
New York Times, Roosevelt bids Peary Godspeed, 8. Juli 1908
New York Times, Dr. Cook troubled, Arctic Box missing, 27. September 1909
New York Times, Mt. M'Kinley Guide comes to see Cook, 14. Oktober 1909

2. Marie Curies Liaison dangereuse

Marie Curie – Biographie, Susan Quinn ISBN-10: 3458169423, 1999
New York Times, Editors in duel over Mme. Curie; Leon Daudet wounded – Dispute Due to Charges Brought by Mme. Langevin, 24. November 1911
New York Times, France divided on Curie Case; Government and Scientists Are Anxious to Put a Stop to the Scandal, 28. November 1911
Der Bund, Forschung und Liebe – eine Frau ohne Furcht, 5. Januar 1999

3. Per Kreuzung zum Ursprung der Menschheit

Kirill Rossiianov, Beyond Species: Ilja Ivanov and His Experiments on Cross-Breeding Humans with Anthropoid Apes, Science in Context, Band 15, Seite 277
New York Times, Kissing Cousins, 12. Dezember 2005

4. Tödlicher Schönheitswahn

New Scientist, Nothing but a ray of light, September 2007
Weltwoche 1/06 Stalins Frankenstein
Rebecca Merzig, Removing roots: North american hiroshima maidens and the X-Ray, Technology and culture, Band 40, Nummer 4
Steven Lapidus, The Tricho System: Hypertrichosis, Radiation, and Cancer, Journal of Surgical Oncology, Band 8, Seite 267
A. C. Cipollaro und M.B. Einhorn, The use of X rays for the treatment of hypertrichosis is dangerous, JAMA, Band 135, Seite 349

5. Staatlich verordneter Tod

R. A. Vonderlehr et al., Untreated Syphilis in the male negro, JAMA, Band 107, Nummer 11, 1936
New York Times, At least 28 died in Syphilis study, 12. September 1972
Der Spiegel, Schlechtes Blut, Nummer 40/1981
Susan M. Reverby, Tuskegee's Truth – Rethinking the Tuskegee Syphilis Study, ISBN 0-8078-2539-5, 2000
Tagesspiegel, Tödliche Lüge, 22. Juli 2007
Süddeutsche Zeitung, Das Misstrauen der Schwarzen, 15. Januar 2008
Center for Disease control and Prevention (CDC), Atlanta, USA *www.cdc.gov/tuskegee/index.html*

6. Ein tödlicher Mathefehler

New York Times, Karl Terzaghi, a soil engineer, 26. Oktober 1963
Reint de Boer, The Engineer and the Scandal: A piece of Science History, ISBN-10: 3540231110, 2005

7. Ein Mathematiker als Versuchskaninchen

The Turing Digital Archive: *www.turingarchive.org*
Wolf Schneider, Große Verlierer, ISBN-10: 3498063650, 2004

8. Frankensteins Hund

Alex Boese, Elephants on acid, Seite 22, ISBN-10: 0156031353, 2007
New York Times, Soviet Dog gets a puppy's head, 11. April 1959
New York Times, Soviet Transplant of Dog's Head repeats 1908 experiment in U.S., 21. Juli 1959
New York Times, Dog's Head is grafted onto body of another, 17. Januar 1959
New York Times, Vladimir P. Demikhov, 82, pioneer in Transplants, dies, 25. November 1998
Time, Transplanted Head, 17. Januar 1955
I. E. Konstantinov, A Mystery of Vladimir P. Demikhov: The 50th Anniversary of the First Intrathoracic Transplantation, Ann Thorac Surg 65, 1998, Seite 1171

9. 50 000 tote Säuglinge

New York Times, Sleeping Face Down Seems to Put Babies At Risk, Studies Say, 10. August 1993

Ruth Gilbert et al., Infant sleeping position and the sudden infant death syndrome: Systematic review of observational studies and historical review of recommendations from 1940 to 2002, International journal of Epidemiology, Volume 32, Issue 4, Page 874

J. P. Sperhake, Bauchlage oder Rückenlage? Geschichte eines Irrwegs in der SIDS-Forschung, Rechtsmedizin 2011, 21:518–521, DOI 10.1007/s00194-011-0789-2

10. Der Junge, der zum Mädchen und wieder zum Jungen wurde

BBC Horizon, Dr. Money And The Boy With No Penis, *www.youtube.com/watch?v=MUTcwqR4Q4Y*

John Colapinto, As nature made him: The boy who was raised as a girl, ISBN-10: 0061120561, 2006

11. Adel schützt vor Torheit nicht

New York Times, Britons Classic I. Q. Data Now Viewed as Fraudulent, 28. November 1976

Der Spiegel, Schwindel mit Zwillingen, 16. Oktober 1978

Heinrich Zankl, Fälscher, Schwindler, Scharlatane, ISBN 3-527-30710-9

Times Higher Education, A true pro and his cons, Psychology & psychiatry, Book review by Prof. Robert Audley, 1995

12. Der Mäusebemaler

New York Times, Charge of False Research Data Stirs Cancer Scientists at Sloan-Kettering, 18. April, 1974

William Broad und Nicholas Wade, Betrayers of the truth, ISBN 0-671-44769-6

Paroma Basu, Where are they now? Nature Medicine 12, 492–493 (2006), doi:10.1038/nm0506-492b

13. Ein menschlicher Fehler – 630 Millionen Dollar teuer

New York Times, Senator Says A Bidder Urged Test of Telescope, 11. Juli 1990

New York Times, Sleuths Zero In on Cause of Telescope Flaw, 31. Juli 1990

New York Times, Telescope Makers to Pay $25 Million for Flaw, 5. Oktober 1993

Der Spiegel, Ballett im All, 29. November 1993

New Scientist, A comedy of errors, 8. September 2007

14. Drama um einen Gentech-Magier in vier Akten

The Scientist, W. French Anderson convicted, 20. Juli 2006

Times Online, Father of gene therapy guilty of molesting child, 20. Juli 2006

Technology Review, The Glimmering Promise of Gene Therapy, 14. November 2006

The Sunday Times, Father of gene therapy jailed for child abuse, 4. Februar 2007

New York Times, Crossed by the Stars They Reach For, 13. Februar 2007

15. Nie wieder

BBC News, Organ scandal background, 29. Januar 2001

Basler Zeitung, Britische Ärzte sammeln Organe wie Trophäen, 31. Januar 2001

Alder Hey report condemns doctors, management, and coroner, BMJ 2001;322:255, doi: *http://dx.doi.org/10.1136/bmj.322.7281.255*

BBC, Parents 'let down' over Alder Hey, 15. Dezember 2004

Crown Prosecution service, CPS Advises no prosecution of Prof. Dick van Velzen over Alder Hey, 15. Dezember 2004

16. Was Jesse nicht weiß

Stiftung Gen Suisse, Gen-Dialog, Januar 2004

Der Spiegel, Jesses Asche, 14. Mai 2005

www.jesse-gelsinger.com

17. Wie Gottes Hand betrog

Tages-Anzeiger, Betrug mit Japans Frühgeschichte, 8. November 2000

SonntagsZeitung, Der Stein des Anstoßes, 3. Dezember 2000

Harvard Asia Quarterly, Japan's Worst Archaeology Scandal, Volume VI, No. 3, Summer 2002

18. Die glamouröse Doktorin der Astrologie

Le monde diplomatique, L'astrologie, la gauche et la science, August 2001

Der Spiegel, Die Doktorin der Sterne, 36/2001

Zeit Online, Astrologin der Postmoderne, 36/2001

New York Times, Star Wars: Is Astrology Sociology? 2. Juni 2001

www.eteissier.com

19. Wie Klonbaby Eva die Weihnachtsstimmung versaute

New York Times, The cloning mission; A Desire to Duplicate, 4. Februar 2001

Der Spiegel, Die trügerische Botschaft vom Klonkind Eva, 26. Dezember 2003

BBC News, Brigitte Boisselier: Scientific genius or PR guru? 9. Januar 2003

New Scientist, The lessons of Eve, 11. Januar 2003

Tages-Anzeiger, Das lange Warten auf die Klon-Babys, 30. Juli 2008

Blick, Raël darf nicht im Wallis wohnen, 1. Oktober 2010

Evangelische Informationsstelle, *www.relinfo.ch/rael/info.html*

20. Poetry Spam

New York Times, Walcott withdraws from poetry professor election, 13. Mai 2009

The Guardian, Oxford professor of poetry Ruth Padel resigns after smear allegations, 25. Mai 2009

The Guardian, Oxford poetry smear campaign could have been a conspiracy, 26. Mai 2009

BBC News, Oxford poet „sorry“ over vote row, 26. Mai 2009

The Times, Oxford poetry professor Ruth Padel quits after smear campaign against Derek Walcott, 26. Mai 2009

New York Times, Teacher to offer to leave his post, 1. Juni 1982